[PT] [OT] [PO]

身体運動の
理解につなげる

物理学

[共著]

江原 義弘
新潟医療福祉大学大学院教授

山本 澄子
国際医療福祉大学大学院教授

中川 昭夫
大阪人間科学大学特任教授

南江堂

● 執筆者一覧

江原 義弘	えはら よしひろ	新潟医療福祉大学大学院医療福祉学研究科教授
山本 澄子	やまもと すみこ	国際医療福祉大学大学院保健医療学専攻教授
中川 昭夫	なかがわ あきお	大阪人間科学大学保健医療学部特任教授

序　文

　医療関係の大学，専門学校で，物理学と聞いて「得意」「おもしろい」と答える学生はほんのわずかでしょう．反対に多くの学生が「苦手」「何の役に立つのかわからない」と思っているのではないでしょうか．この本の著者3名は，長い間，医療関係の大学などで身体運動についてのバイオメカニクス（生体力学）の講義を行ってきました．その中で，多くの学生から「むずかしい」という声を聞きました．医療関係者にとって身体の動きを理解することは非常に重要で，その際に物理学の知識は必ず役に立ちます．しかし，高校で物理を選択していない学生が多く，たくさんの学生が「むずかしい」と思っている現状では，バイオメカニクスの前に物理学の基礎を学ぶ必要があるのではないかと考えました．そこで，身体運動を理解するための基礎として，本書を執筆することになりました．

　本書は，バイオメカニクスを学ぶ前に知っておくべき物理学の基礎知識，考え方を解説しています．わかりやすくするために繰り返しが多いですが，繰り返すことによってより深く理解することを目指しています．「何の役にたつのかわからない」という声に答えるために，随所にリハビリテーションでの応用についてコラムを設けました．さらに，最後の2つの章は，医療関係者が使用する機器の原理を理解するために知っておくべき知識について解説しています．本書によって，物理学に対する苦手意識が少なくなって，もっと学びたいという学生が増えることを願っています．

2015年3月

江原義弘
山本澄子
中川昭夫

目次

0講 なぜ物理学が必要か　1
状態を数値で表す　1
力について理解する　3

1講 バネの伸びと力の合成　5
重りの重さとバネの伸び　5
バネを伸ばす力　6
力を矢印で表す　7
力の足し算　8
力の合成　9
平行な力の合成　11

2講 テコの原理と第1のテコ　13
テコの原理　13
第1のテコ　14
支点と力点の距離　15
力の効果（回転）のつり合い　16
力のモーメント　17
力のモーメントのつり合い　19

3講 第2のテコ・第3のテコ　21
第2，第3のテコ　21
力のモーメントの計算　24

4講 輪じく・滑車・歯車　27
輪じくとは　27
輪じくのしくみ　28
滑車とは　30
定滑車　31

動滑車　32
回転を伝動する装置　33

5講 生体の中のテコ　37
テコにかかる力をみきわめる①　38
テコにかかる力をみきわめる②　41
テコにかかる力をみきわめる③　43

6講 下肢に存在するテコ　47
足部のテコ　47
片脚立ち　49

7講 作用・反作用，力の分解，斜面，振り子，摩擦力　51
作用・反作用①　51
作用・反作用②　53
作用・反作用③　54
力の分解①　55
力の分解②　56
摩擦力　57

8講 物体の位置と座標系　61
座標軸の考え方　61
2次元座標系　63
物体の移動をグラフで表示する　64
3次元座標系　68

9講 物体の速度と座標系　73
速度を矢印で表示する　73

速度の成分　79
速度の変化をみる　84

10講　物体の速度と加速度　87

加速度とは何か　87
空中を飛ぶボールの加速度　92
バネでつるしたボールの加速度　96

11講　力と加速度　99

動いている物体の加速度　99
バネが出す力　102
力と加速度の関係　103
加速度と力の成分表示　104

12講　力学的仕事とエネルギー　107

力学的仕事　107
位置エネルギー　108
運動エネルギー　109
力学的エネルギー保存の法則　111
空中を飛ぶボールの力学的エネルギー　112
振り子の力学的エネルギー　113
重力を利用した動き　114

13講　浮力と水の圧力　117

圧　力　117
大気圧　118

水の圧力　120
液体の力　121
浮　力　123
水中の抵抗　126

X講　電気回路　129

発電のしくみ　130
電気が届くまで　131
乾電池と電気回路の基本　132
電流と電圧の関係：オームの法則　135
電圧降下とは　137
電圧降下を計算してみる　138
特殊な電気部品①　139
特殊な電気部品②　139

Y講　波・音・熱・光・電波　141

波　141
音　143
ドップラー効果　144
熱　146
光　147
目でみえる光　148
光の波長による分離　149

練習問題の解答　155
索　引　159

0講　なぜ物理学が必要か

　普通に立っているときよりもつま先立ちをするとふくらはぎが疲れます．床から重いものをもち上げるとき，手を伸ばしてもつよりも体の近くでもつほうが楽なことは誰でも知っています．お風呂やプールの中では体が軽く感じられます．体重も物の重さも変わらないのに，どうしてこんなことが起きるのでしょうか．物理学を学ぶことで，これらの疑問に答えることができるようになります．

　本書で学ぶ学生のみなさんが目指している医療関係の仕事では，高齢者や患者さん，体に障害がある方が，どのように動いているか，どうしたらもっと楽に動けるかを考えることが必要になります．そのときに，物理学は有力なツール（道具）となります．みなさんはこれから身体運動について学びますが，本書では身体運動の理解のための前段階として学ぶべき物理学の基礎を解説しています．

　本書では以下の2点に重点をおいて解説をしました．1つめは状態を数値で表すこと，2つめは力と動きの関係を理解することです．以下にこれらについて説明します．

状態を数値で表す

大きいaさんと小柄なbさん

図 0・1

体の大きなaさんと小柄なbさんがいたとします（図0・1）．おそらく誰でも「aさんの体重は重い」「bさんの体重は軽い」と思うでしょう．でも「重い」「軽い」というだけでは，どのくらい重いのかどのくらい軽いのかわかりません．ある人は70 kg以上を重いと考え，別の人は100 kg以上なければ重いと考えないかもしれません．しかし，aさんの体重は80 kg，bさんは45 kgといえば，誰でも同じように理解することができます．このように状態を数値で表すことによって，曖昧な部分をなくして共通の理解をすることができます．

図0・2

aさんとbさんが山にドライブにいきました．スタートしてから30分たったときの車の位置を地図上で示します（図0・2）．このときの車の位置を山のふもとから何番目のカーブを曲がったところ，などと表現することもできますが，GPSなどを使えばもっと正確に示すことができます．正確な表示では，スタート地点から北に15.3 km，東に18.2 kmなどと示すことができます．さらに高さについても標高350 mのところ，と表せば完璧です．このように数値を使えば，物の位置を正確に表すことができます．

物の重さや位置などの状態を数値で表すことで，誰にでも正確に情報を伝えることができます．m，km，kgなど世界で共通の単位を使えば，言葉が通じない外国の人とでも情報を共有することができるようになります．

力について理解する

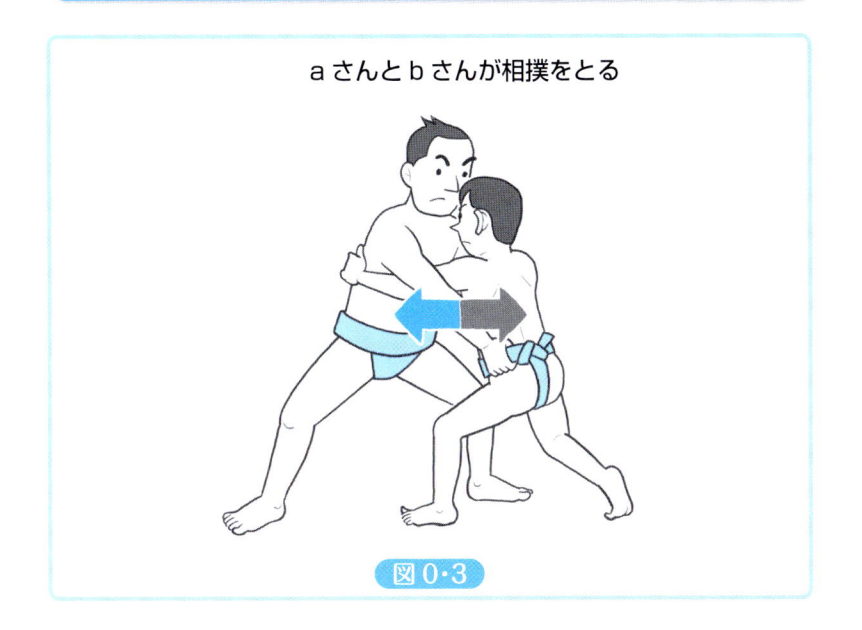

aさんとbさんが相撲をとる

図0・3

　aさんとbさんが相撲をとりました（**図0・3**）．2人が相手を押す力が同じなら，いつまでたっても勝負がつきません．このとき外からみているだけでは，2人がどのくらいの力を出して押し合っているのか，あるいは何も力を出していないのかはわかりません（もちろん2人の表情をみれば力の程度がわかるかもしれませんが，ここではそれは考えないことにします）．体の大きなaさんが小柄なbさんを押す力が大きくなれば，bさんは踏ん張れなくて動いてしまうでしょう．このように力と物の動きとは密接な関係があります．

斜面で相撲をとる

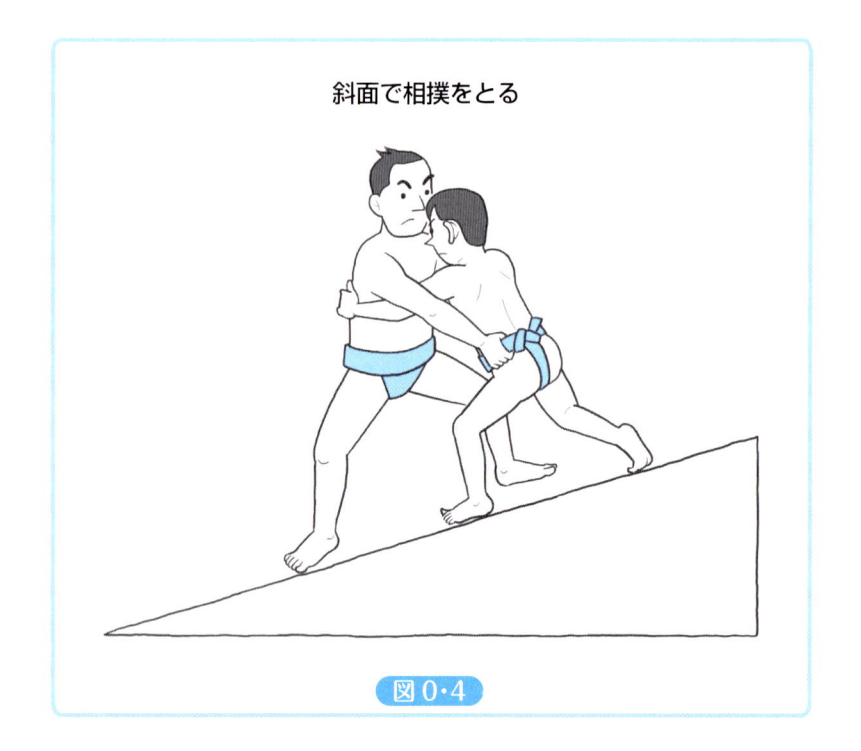

図 0・4

　もしａさんとｂさんが普通の床の上でなく，つるつるの氷の上で相撲をとったとしたら，何が起こるでしょう．おそらくｂさんはすぐに動いてしまうでしょう．なぜ動くかはｂさんの足の裏と床あるいは氷の間の摩擦力で説明することができます．２人が斜面の上で相撲をとったらどうでしょう（**図 0・4**）．斜面の上なら，上にいる人が有利で下の人が不利になることは誰でも想像できます．上の人が有利なのは，重力が上の人が押す力に味方をするからですが，物理学を学べばどのくらい有利なのかを数値で表すことができるようになります．

　地球上で生きている限り，私たちの体も私たちのまわりの物もすべて物理学の法則に従って動いています．共通のツールである物理学の基礎を学ぶことは，これから医療関係者として身体運動を理解するために必ず役立ちます．

1講 バネの伸びと力の合成

学習の目標

1. 力をバネ秤で計測する原理が説明できる
2. 力を矢印で表現できる
3. 力の合成の考え方が説明できる
4. 国家試験問題が解ける

重りの重さとバネの伸び

A 重りをつけるとバネが伸びる

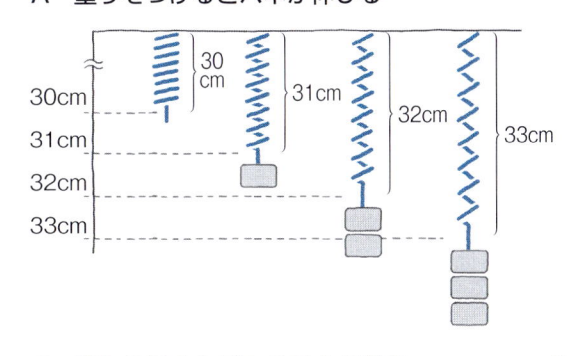

B 重りの重さとバネの伸びの表

重り		バネの長さ	
個数	重さの合計	全長	伸び
1個	1 kg	31cm	1cm
2個	2 kg	32cm	2cm
3個	3 kg	33cm	3cm
4個	4 kg	34cm	4cm
5個	5 kg	35cm	5cm
……	……	……	……

C 重りの重さとバネの長さの関係

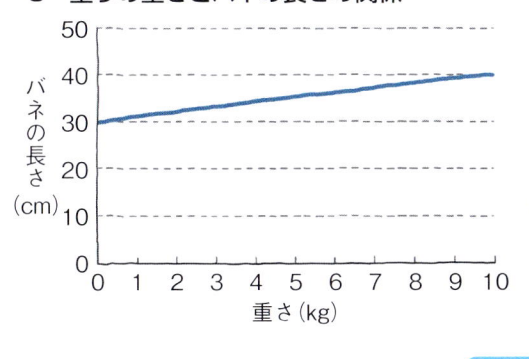

D 重りの重さとバネの伸びの関係

バネの伸びで重さを知る

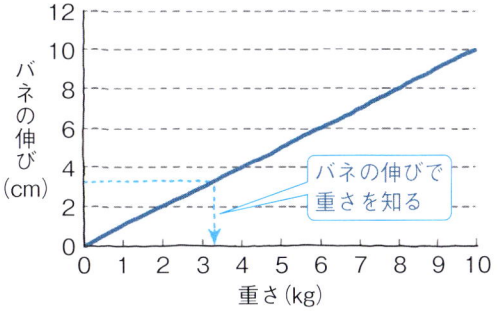

図1・1

バネを天井にぶら下げています．バネの長さは30 cmとします（**図1・1A**）．

①バネに1 kgの重りをつるします．バネの長さが31 cmになりました．バネは1 cm伸びたことになります．

②さらにバネに1 kgの重りを追加して2 kgにします．バネの長さは32 cmになりました．バネは2 cm伸びたことになります．

③さらにバネに1 kgの重りを追加して3 kgにします．バネの長さは33 cmになりました．バネは3 cm伸びたことになります．

このように重りを4個，5個にして増やしていくと，**図1・1B**のようにバネの長さは伸びていきます．この様子を横軸に重りの重さ，縦軸はバネの長さとしてグラフに示すと**図1・1C**のようになります．

このグラフをもとにして，縦軸をバネの伸びにすると，**図1・1D**のようになり，重りの重さとバネの伸びは正比例することがわかります．

このグラフを用いると，今度は逆にバネの伸びからどれくらいの重さがかかっているか，重さを知ることができます．たとえば未知の重りをつり下げて伸びが3.5 cmだったとすると，重さは3.5 kgであることがわかります．バネ秤はこの原理にもとづいて重さを計測します．

バネを伸ばす力

重りを下げるとなぜバネは伸びるのでしょうか．これは重りによってバネに力が加わるからです．重りがバネを引く力は「万有引力」によって生じます．「万有引力」とは，名前の通り，万＝どんなものでも，有＝もっている，引＝ひっぱる，力＝ちから，となり「どんな物体でもひっぱられる力がかかっている」ということです．では誰がひっぱっているのかというと，地球です．どんな物体でも地面に落ちるのは地球がひっぱっているからなのです．よって，「万有引力」とは地球が重りを引く力で，地球上の物体には必ず万有引力が働いています．地球がひっぱる「万有引力」は「重力」ともいいます．

1 kgの重り[*1]に働く重力，もう一度いうと，1 kgの重りが地球にひっぱられる力，の大きさはおよそ10ニュートンです．10 Nと書きます．力の単位は，運動法則で有名なニュートン[*2]の名前を用いています．もう少し詳しくいうと1 kgの重りに働く重力はおよそ9.8 Nなのですが本書ではわかりやすく10 Nとしています．1 kgの重りに働く重力は10 Nと覚えてください．よって2 kgでは20 N，3 kgでは30 N，…となります．

これがわかると，いま描いたグラフの横軸を重さでなくて力の大きさで描き直すことができます．

▶ ゴムを伸ばすと元に戻ろうとする力が働きます．このような作用を利用したものに，ダイナミックスプリントというものがあります．これは，麻痺によって指が曲がってしまう人のために，ゴムを利用して指を伸ばす装具です．

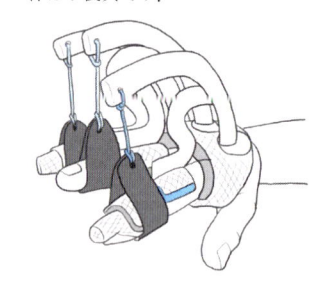

*1 日常生活では重さや力を表すために，重さの単位に［kg］を使用していますが，物理学では質量［kg］と力［N］とは別のものと考えます．

*2 リンゴが木から落ちるのをみて重力を発見した（史実ではないとの説も）といわれるアイザック・ニュートンにちなんで採用された単位の名称．kg・m/s^{2}をニュートン［N］と呼びます．詳細は10講を参照のこと．

図1・2

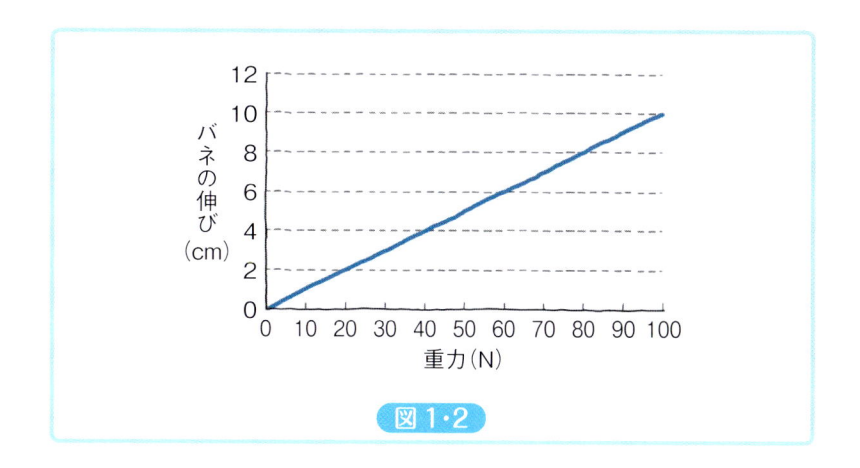

描き直すと**図1・2**のようになります．このことから，力の大きさとバネの伸びは比例するということがわかります．ただし，どんなバネでも10Nで1cm伸びるとはかぎりません．何cm伸びるかはバネの材質や針金の直径，バネの直径などによって異なります．

力を矢印で表す

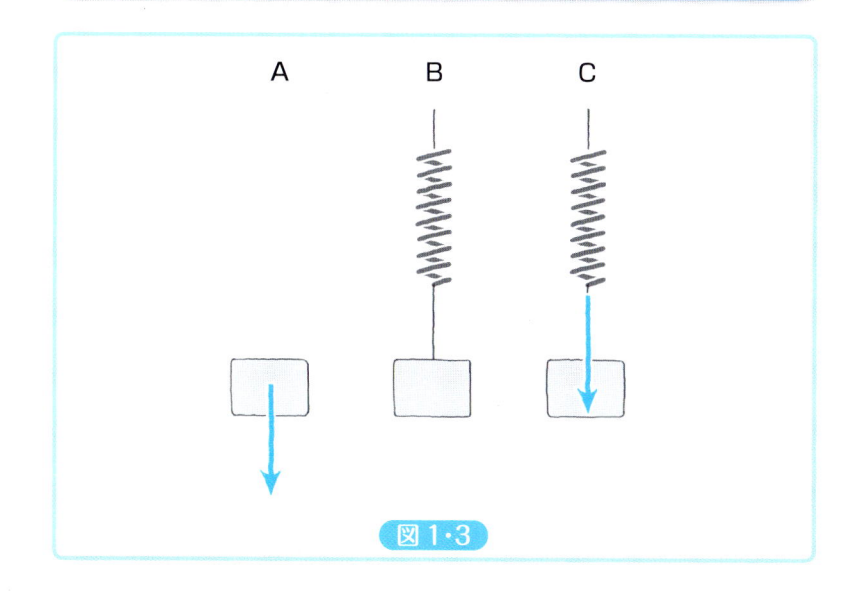

図1・3

先ほど述べたように1kgの重りには10Nの重力が作用しています．この力を矢印で表現してみます．重力は物体の重心[*3]に作用しますから，物体の重心から矢印を出発させます（**図1・3A**）．

矢印の太さも長さもとくに決まりはないのですが，たとえば10Nの長さを5cmで描いたならば20Nなら10cmの矢印になるように，力の大きさと矢印の長さが正比例するように描きます．当然，矢印の向

[*3] あるひと固まりの物体の質量が1点に集中していると考えた場合のその点を重心といいます．点ですから大きさがなく，その物体と同じ質量があると考えます．

きは力の向きに合わせます．重力の向きは必ず真下です*1．

物体に作用する重力は**図1・3A**のように表現できます．それでは**図1・3B**のようにバネに物体をつり下げた場合に，バネに作用する力はどのように表現できるでしょうか．この力は**図1・3C**のようにバネの先端に下向きの矢印*5を描いてください．

力の足し算

左右から同じ力で物体をひっぱる

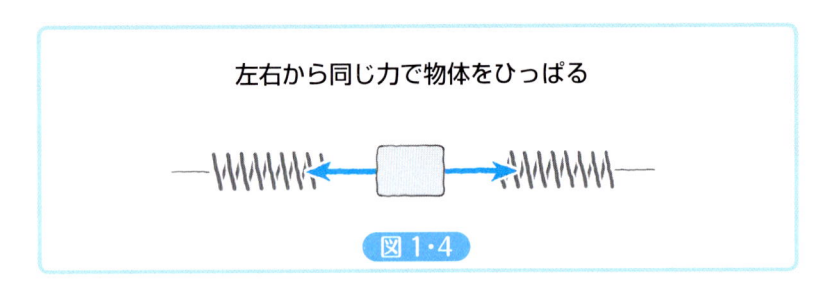

図1・4

*4 地球の中心に向かっているというイメージです．

*5 力が作用している点を起点として，力が作用している方向へ，力の大きさに対応した長さの矢印を描きます．

👉 教科書として，2つ以上の力が働くと全体に働く力が増える，ということを学ぶと，難しいことを学んでいるように思いますが，日常では当たり前のこととして使っています．筋力強化に使用するエキスパンダーの例では，同じスプリングを5本使っていますので，1本のときに比べて5倍の力が必要です．物理学では，このような当たり前のことを，理論的に説明することから始めます．

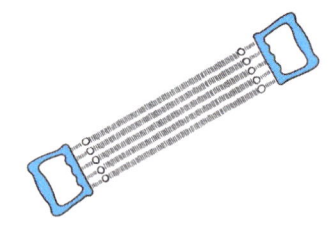

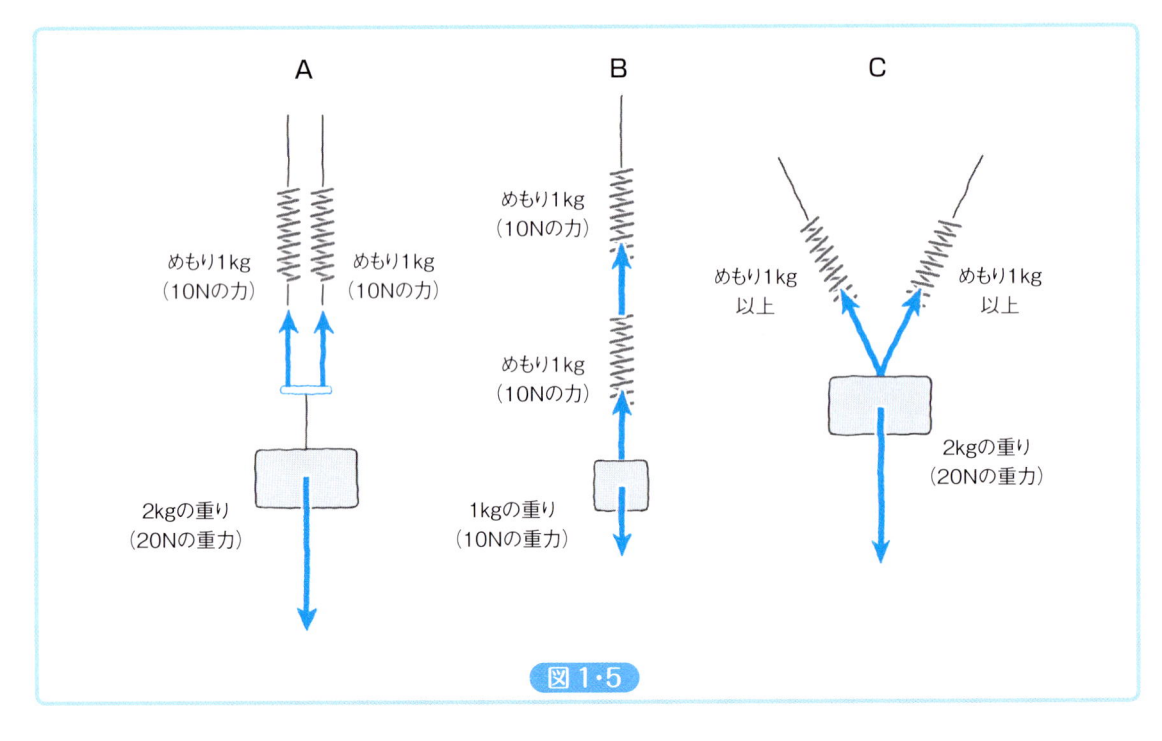

2つのバネ秤を図のように使って，1つの物体を左右からひっぱると，物体が動かない状態では，左右で同じ力でひっぱっていることがわかります（**図1・4**）．

このことから，同じ大きさの力を正反対の方向に作用させると，力は打ち消し合うことがわかります．このことはつな引きを考えるとわかるでしょう．

A
- めもり1kg（10Nの力）
- めもり1kg（10Nの力）
- 2kgの重り（20Nの重力）

B
- めもり1kg（10Nの力）
- めもり1kg（10Nの力）
- 1kgの重り（10Nの重力）

C
- めもり1kg以上
- めもり1kg以上
- 2kgの重り（20Nの重力）

図1・5

今度は2つのバネ秤を使って2 kgの重さをぶら下げることを考えてみましょう（**図1・5A**）．1つのバネ秤の読みはそれぞれ1 kg[※6]になることがわかります．つまり1 kgの力が合わさって2 kgの物体を支えているわけです．このように力は足し算ができます．2つのバネ秤を**図1・5B**のように縦に使うつなぎ方では足し算になりません．

[※6] ここでは，日常生活で使用するバネ秤を使うことを想定していますので，10 Nではなく1 kgという表現をしています．

👉 タンカで人を運ぶときも，負傷した人の体重を前後の人で半分ずつ分担しています．両手でもっているので，片手には，半分の半分，すなわち，1/4の力がかかっています．

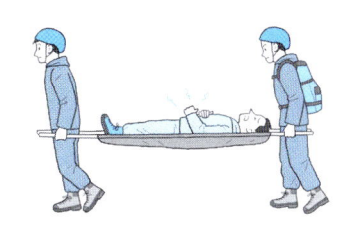

力の合成

　2つのバネ秤で同じ場所に力を作用させると力が足し算できることがわかりましたが，今度はバネ秤で真下にぶら下げるのではなく，**図1・5C**のように斜めにぶら下げることを考えてみましょう．

　斜めの場合，2 kgの重りをぶら下げるのに，一方のバネ秤の読みは1 kgより大きくなります．こうしてみると力の「足し算」は普通の足し算とは異なることがわかります．

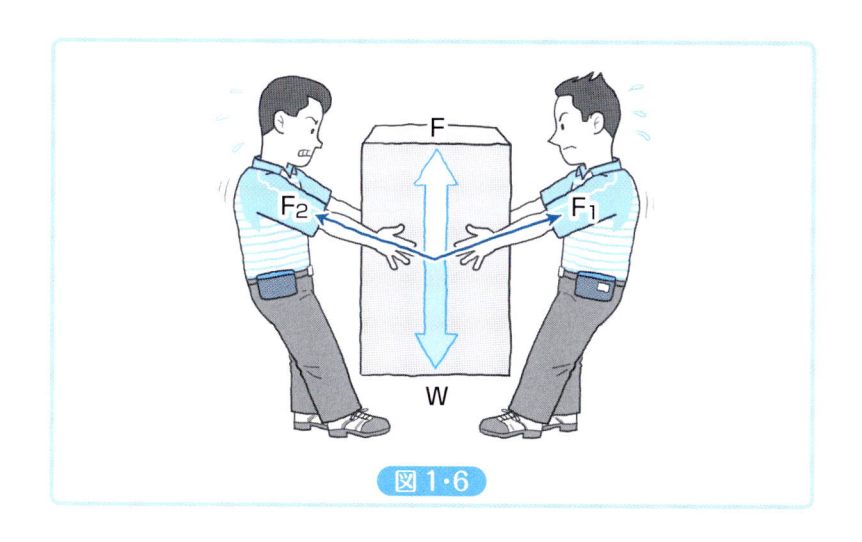

図1・6

　重い荷物を2人でひっぱり上げる例を考えてみましょう（**図1・6**）．このとき，おのおのの人がひっぱり上げる力 F_1 と F_2 を合わせた力 F が，荷物にかかる重力 W を支えることになります．このとき F_1 と F_2 の合成が F になるといいます．では，F は具体的にどのようにすれば得られるでしょうか．

図1・7

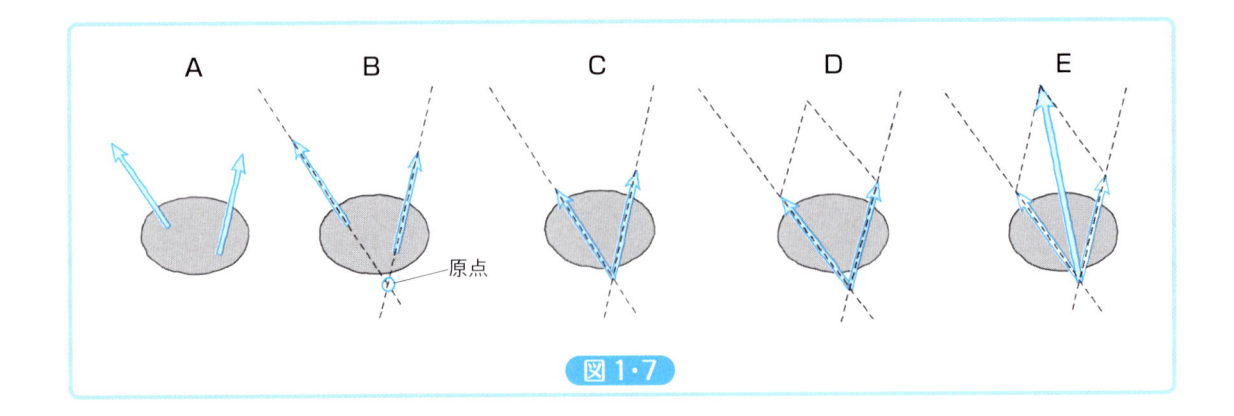

2人の人が引く力の方向が左右対称でない場合で考えてみましょう（**図1・7A**）。まず2つの力の「作用線」を延長します。「作用線」とは力の矢印が通る線のことをいいます[*7]。

力の矢印は，作用線に沿って自由に動かすことができます。この性質を利用して，力の合成，つまり F_1 と F_2 の合わせた力 F を，これまでと同じように矢印で表現できるように考えていきましょう。

力の作用線の交点を原点（**図1・7B**）と考えて，2つの矢印の根元を原点まで作用線に沿って移動します（**図1・7C**）。2つの矢印の先端を頂点として図のように平行四辺形を作図します（**図1・7D**）。原点から対角線を引くと，これが合成力[*8]を表します（**図1・7E**）。合成力の作用線を延長して考えると，合成力はこの作用線上のどこに移動しても，力の作用は変わりません。

これが，向きの違う2つの力を合成する方法です。重要なポイントは，2つの力を平行四辺形の2辺とした場合の対角線が合成力になるということです。2つの力を合成するときに，合成した力は元の力より大きくなるとは限りません。

[*7] 作用線とは 力の矢印が通る線。力の矢印は作用線上を自由に動かすことができます。このことは，バネ秤の下にひもを付けて重りをつり下げる例を考えると，ひもの長さによってバネ秤の読みは変わりません。すなわち，ひものどこに力の矢印が描かれてもバネ秤にとって，作用は同じということがわかります。

[*8] 2つの力の作用を合成力で考える場合には，この合成力だけが作用するものと考え，もとの2つの力による作用は考えません。すなわち，3つの力が作用しているのではなく，2つの力か，1つの合成力のどちらかが作用していると考えます。合成力のことを合力ともいう。

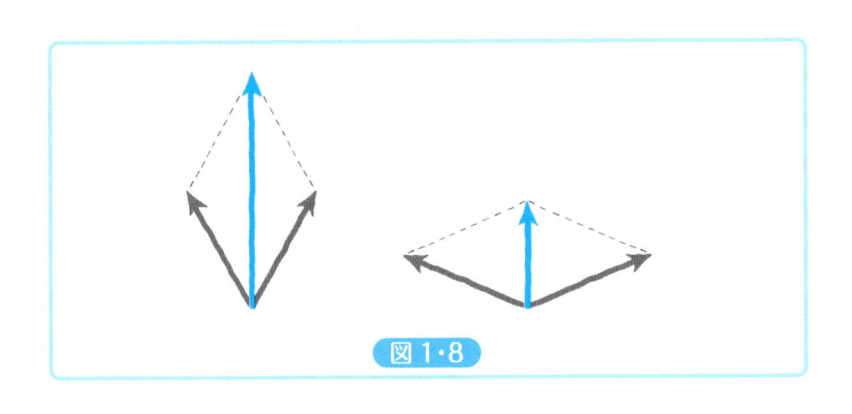

図1・8

図1・8は同じ大きさの力を合成した結果です。左の図では青で示した合成力は黒の力より大きくなりますが，右の図では力はもともとあった黒の力より小さくなります。合成力の大きさは，元の力の大きさだけでなく方向によっても変わってくるのです。

平行な力の合成

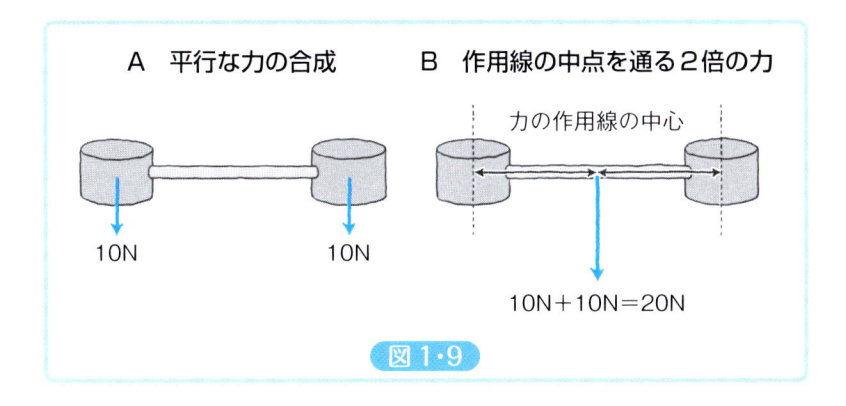

A　平行な力の合成　　B　作用線の中点を通る2倍の力

図1・9

👉 重量挙げをしている状態では両手でバーベルを差し上げます。それぞれの片手ではバーベルの半分の重さを差し上げる力を出しています。

先ほどの例では，向きの違う2つの力の合成方法を取り扱いました。もし2つの力の向きが同じ，つまり力の作用線が平行であったら（図1・9A），作用線の交点がみつからないので先ほどの方法は使えません。

両方の力が同じ大きさであるときは，両者の作用線の中点を通る作用線を考え，この作用線に沿った2倍の力が合成力になります。

このとき，棒の長さの中点[*9]ではなく，力の作用線の中点を考えることに注意しましょう（図1・9B）。これはちょうど，全体の重心に2倍の重力がかかる状態に相当します。

*9 中点とは2つの点を結ぶ線分の長さの2分の1の点，すなわち真ん中の点を表します。

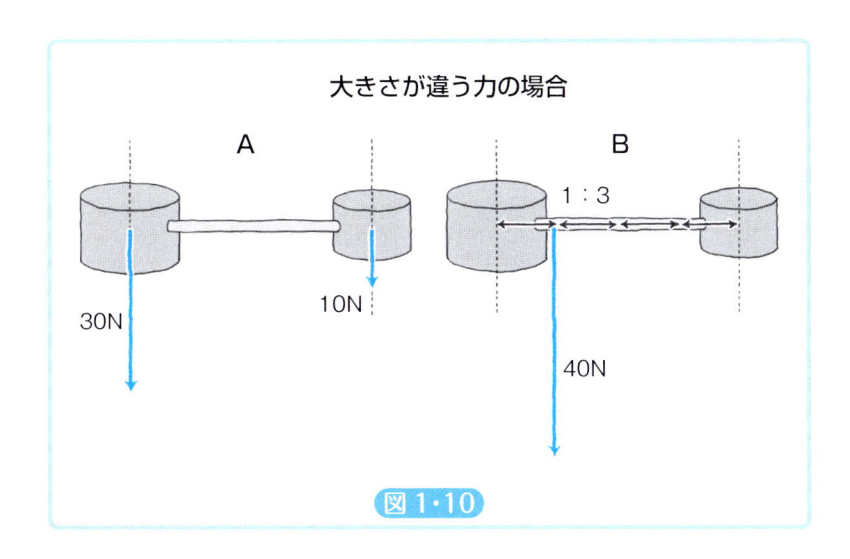

大きさが違う力の場合

A　　　　B

図1・10

次に力が平行で，大きさが違う場合は，力の比の逆の比になる点を通る作用線を考えます（**図1・10A**）．たとえば2つの力が30Nと10Nであれば，力の比は3：1ですから，距離の比が1：3[*10]になるような点を通る作用線を考えます．この作用線の上に，合計の力，すなわち30N＋10N＝40Nの力を考えると，それが合成力になります（**図1・10B**）．

これは3kgと1kgの物体を図のように連結した物体の重心に働く重力（物体全体の重さは4kgなので，重力は40N）に相当します[*11]．

重心というのは，実は物体の各部分にかかる重力をすべて合成した場合にその合成力が通過する点なのです．

[*10] 2つの重りのそれぞれの重心間の距離であることに注意．左の重りの端から右の重りの端ではありません．

[*11] 物体をつなぐ棒は，物理学では「軽い棒」と表現される場合が多く，重さがないものとして計算します．

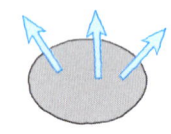

練習問題

3つの力の合成を考えてみましょう．まずはじめに2つの力を合成して，その合成された力と3番目の力を合成すれば全体の合成力が求められます．

1講のまとめ

- バネの伸びは力に比例する
- 力は矢印で表現でき，矢印の長さが力の大きさを示す
- 力の矢印は作用線に沿って動かすことができる
- 2つの力の合成は，平行四辺形の対角線で求められる
- 平行な力の合成は，力の比と反対の比の位置に合成力が加わるとして求められる

2講 テコの原理と第1のテコ

学習の目標
1. 日常生活で使用する道具でテコの原理が使用されている状況を説明できる
2. どこが支点・力点・作用点なのかが説明できる

テコの原理

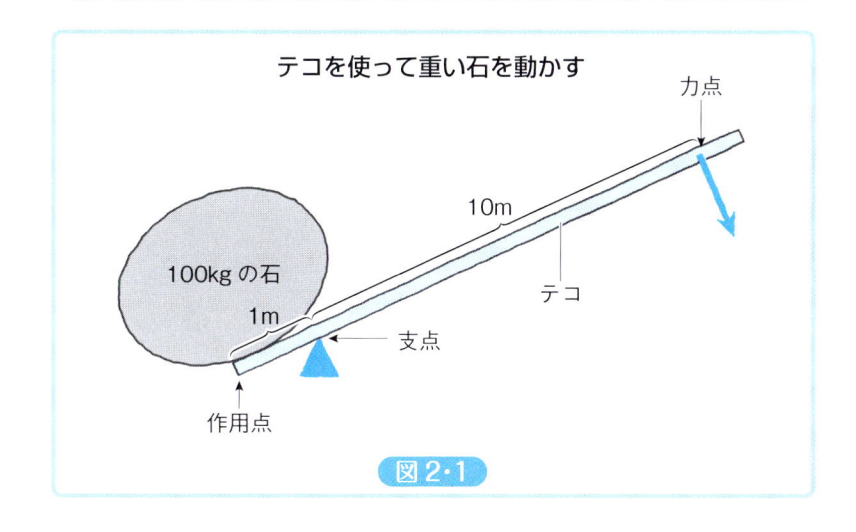

テコを使って重い石を動かす

図中：力点、10m、テコ、100kgの石、1m、支点、作用点

図2・1

▶ 片方の皿に重さがわかった重りをのせ、反対側の皿にはかりたいものをのせてはかります。上皿天秤は第1のテコの代表例です。

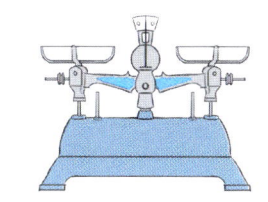

　テコとは、テコの原理を使って、小さな力を大きな力に変えるものを指します。この**図2・1**でいうと、大きな石を動かしている棒が「テコ」です。日常生活、医療の現場においても、テコの原理を利用したさまざまな道具が使われています。

　テコの原理とは、たとえば重さが 100 kg の物体を動かすために、支点[*1]から物体までの距離に対して、支点から力を入れる場所までの距離を 10 倍にすれば 10 kg の力で重い物体を動かすことができるというものです。このとき、棒の土台になって動かない部分を「支点」といいます。支点とはこの点を中心にして棒が動く回転軸のようなものと考え

[*1] テコの3要素とは、
・力点：力を入れる場所
・支点：テコの棒の土台になって動かない部分、テコは支点を中心に回転運動をする
・作用点：テコの棒が物体を動かす場所

てもけっこうです．

　石を動かすときには，石とは逆の端を手で握って力を入れることになります．このとき手で握って力を入れる部分のことを「力点」と呼びます．石に当てて石に力を作用させる点のことを「作用点」といいます[*2]．テコでは力点・支点・作用点の位置がどこにあるかがわかることが重要です．この図のようにテコで石を動かす場合は，中間に支点があり，手で握る部分が力点，石に力が作用する点が作用点です．ここでよくみてほしいのは，支点は力点と作用点の中間にありますが，作用点に近く，力点からは遠いことです．次によくみてほしいのは，力点・支点・作用点が並んでいる順序です．左から順に，作用点，支点，力点の順に並んでいます．このとき重要なのは，中間に何がくるかです．この図の例では支点が中間にきます．左からみれば作用点，支点，力点の順ですが，右からみれば力点，支点，作用点の順にみえてしまうので，両端に何がくるかは重要ではありません．

[*2] 作用点を荷重点と呼ぶこともあります．

第1のテコ

釘抜きの力点・支点・作用点の位置は？

力点
作用点
支点

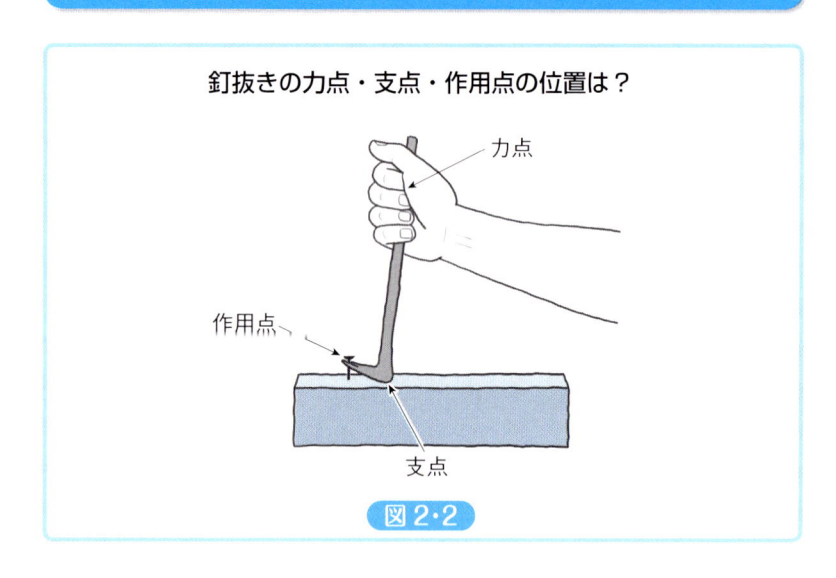

図2・2

→能動義手では，ケーブルをひっぱることで指を開き，ゴムの力で指を閉じます．これもテコの応用です．

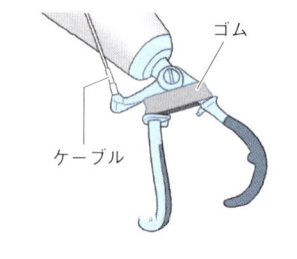

ゴム
ケーブル

　テコはまっすぐな棒とは限りません．図2・2は「釘抜き」という道具です．名前の通り釘を抜く道具ですが，これもテコであり，素手では引き抜けない木材に打たれた釘を楽に抜くことができます．それでは，釘抜きの力点・支点・作用点の位置はどこになるでしょうか．図2・2のように，L字型の曲がった（木材に接する）部分が支点であり，手でもつ部分が力点であり，釘にふれる部分が作用点です．釘抜きは1本の棒ではなく，曲がっていますが，1本の棒のように伸ばして考えてみると，左から作用点・支点・力点の順に並んでいて，支点が中間にある

ことがわかります.

はさみでは力点・支点・作用点の位置は?

作用点　力点　支点

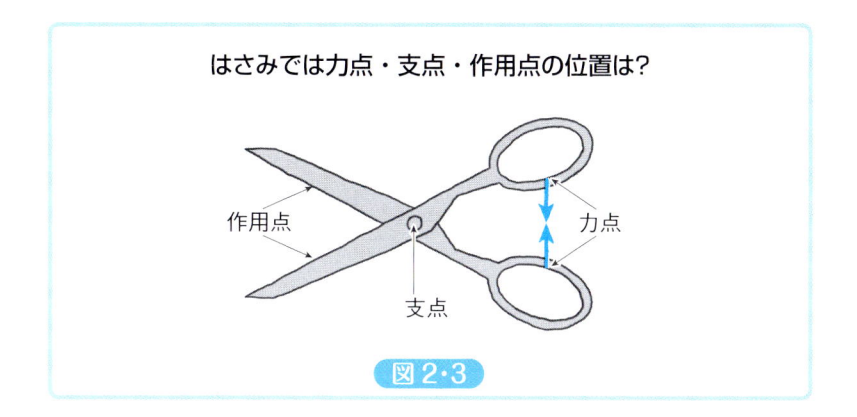

図2・3

はさみもテコの仲間です．はさみでは力点・支点・作用点の位置はどこになるでしょうか．図2・3のように，はさみは2本のテコが支点のところでくくりつけられていると考えることができます．2本のテコのそれぞれが作用点・支点・力点をもっています．支点は2つの棒で共通の位置にあります．

今まで出てきた道具は支点が中間にあるもので，このようなテコを第1のテコといいます．第1種のテコ，クラス1のテコと呼ぶこともあります．ここで「中間」というのは中央という意味ではなく，支点が力点と作用点にはさまれている，という意味です．

支点と力点の距離

テコで石を動かす場合，支点に近い場所で棒を握るのと，支点から遠い場所で棒を握るのとではどちらが石を動かしやすいですか．遠いところを握るほうが動かしやすいでしょう．釘抜きを使う場合も支点から遠いところで力を入れたほうが釘を抜きやすいです．

今度ははさみを考えましょう．はさみを使う場合，どこで切ると厚紙を切りやすいですか．はさみの先端の部分で切ろうとしてもよく切れません．はさみの刃の奥の部分で切らないと厚紙は切れません．ところで，はさみの紙を切る部分は，支点・力点・作用点のうちどれでしたか．これは作用点で力点ではありません．つまり紙を切るには支点と作用点が近いほうが切りやすいのです．支点と力点は遠いほうがよく，支点と作用点は近いほうが道具を使いやすいということになります．

これらのことをテコの原理にまとめると，支点から力点までの距離が遠いほど，そして支点から作用点までの距離が近いほど，より小さな力でより大きな力を作用させることができます．

①は車いすを介助して前輪を上げる動作をしています．このときは，介助者が足で車いすが後ろへ移動しないように押さえて，グリップのところを後ろに引くことで，前輪をもち上げます．これもテコの応用です．②→③は車いすを介助して段差を越える動作をしています．このときは，介助者が車いすの前輪を支点にして車いすをもち上げています．これもテコの応用です．

① キャスター
ティッピングレバー
②
③

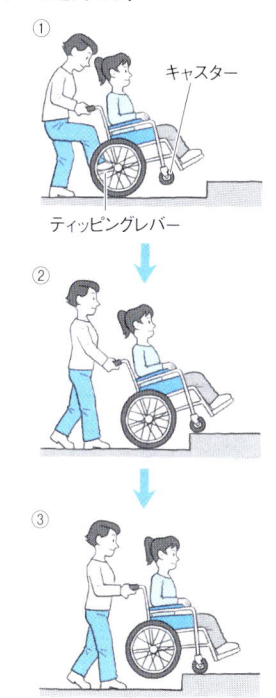

手が麻痺して動かない人に，図のように手首から先をもち上げることで指の動きを活用するカックアップスプリントと呼ばれるものです．下の左の図では，前腕部の長さが短いので，左端の前腕部では力が大きくかかります．下の右の図では，前腕部の長さが長いので，左端のところでは小さな力しかかかりません．

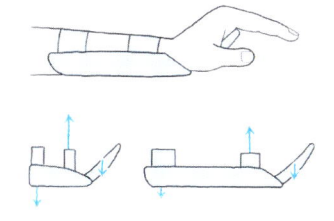

力の効果（回転）のつり合い

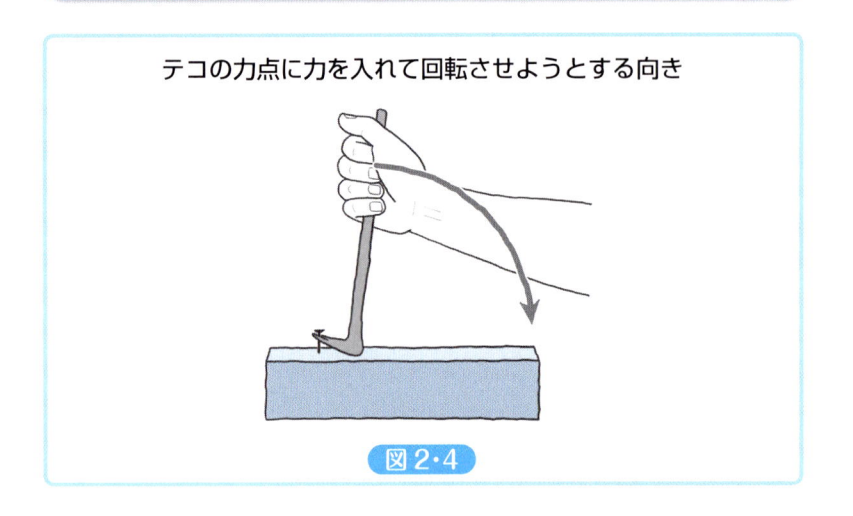

テコの力点に力を入れて回転させようとする向き

図2・4

　釘抜きに力を加えたときに，力が釘抜きにどのような効果を及ぼすか考えてみましょう．力を入れて釘を抜こうとするときの効果を矢印[*3]で示してみました（図2・4）．手でもつ柄の部分を右下向きに動かすため，力の効果は「右回り」の矢印になります．この矢印の方向を「時計回り」ともいいます．反対方向の矢印は「左回り」「反時計回り」です．ただし，この表現は逆側（紙面の裏側）からみれば反対方向になるため，これはあくまでこの図の上での方向です．

[*3] このときの矢印は力を示す矢印ではなく，動きを示します．力を示す矢印は必ず直線で表します．

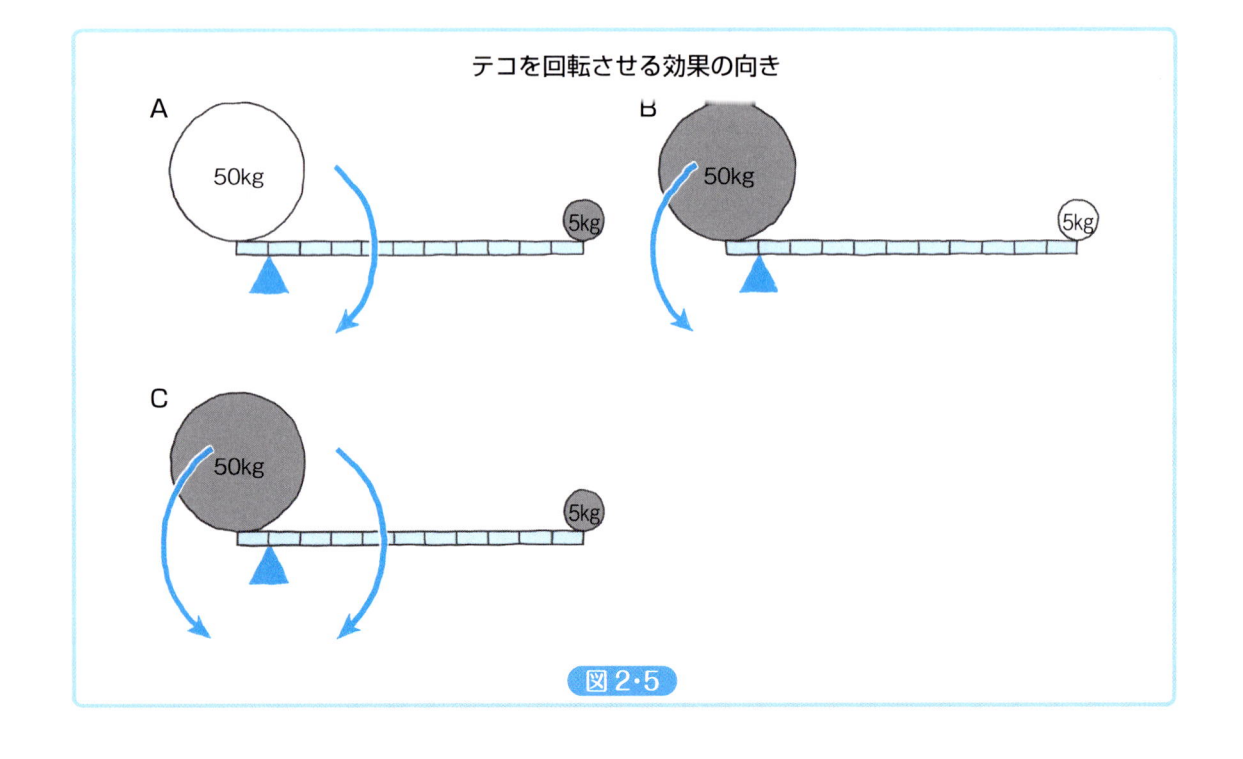

テコを回転させる効果の向き

A　50kg　　5kg

B　50kg　　5kg

C　50kg　　5kg

図2・5

同じことを図2・5で考えてみましょう．小さいほうの5kgの重りに着目すると，この重りはテコを右回りに回転させようとする効果をもちます（図2・5A）．この場合，実際にこの向きで動くかどうかはここでは考えません．回転させようとする効果を問題にしています．50kgの重りに着目すると，この重りはテコを左回りに回転させようとする効果をもちます（図2・5B）．

5kgの重りと50kgの重りは，テコに対してそれぞれ逆方向の効果をもっています．テコの原理とは，このときの右回りの効果と左回りの効果がつり合うときテコはつり合うというものです（図2・5C）．

もし右回りの回転の効果が少しでも大きければ，テコは右回りに回転を始めます．左回りの効果が少しでも大きければ，テコは左回りに回転を始めます．

ここで注意するのは，重さがつり合うのではなく，回転の効果がつり合うということです．回転の効果は重りの重さだけで決まるのではなく，支点から力点，支点から作用点までの距離の影響を受けます．

力のモーメント

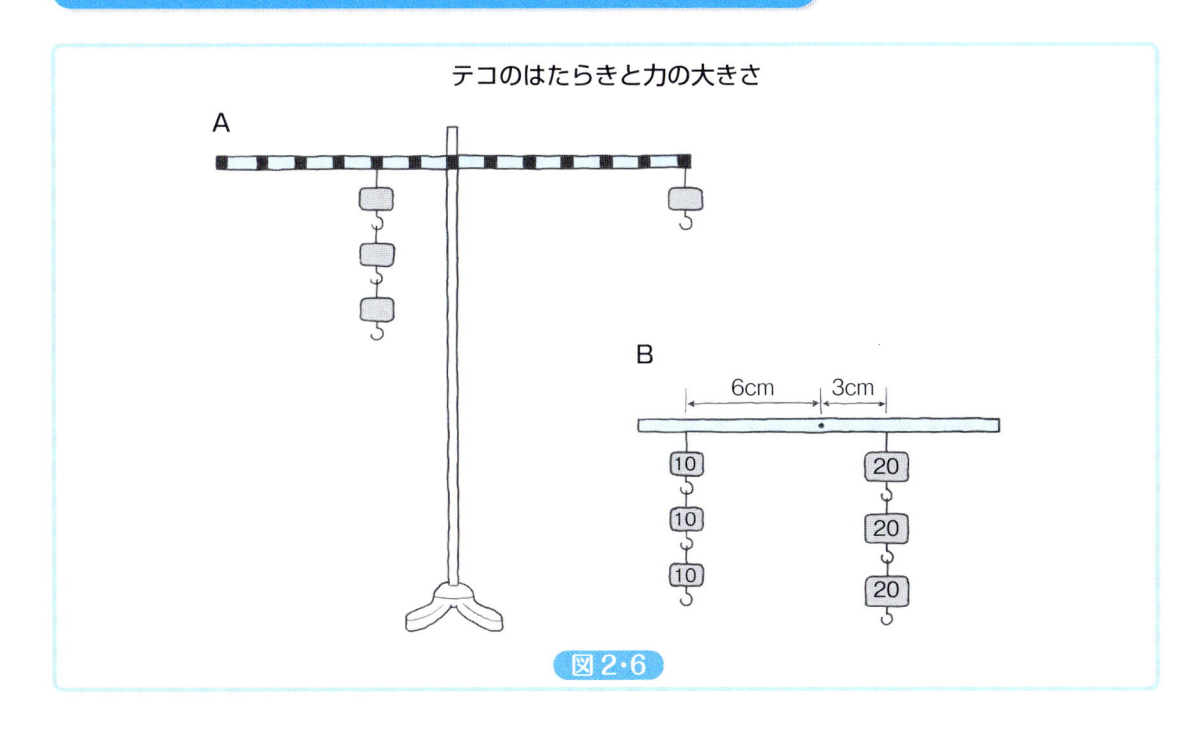

テコのはたらきと力の大きさ

図2・6

力の効果・回転のつり合いをもっとはっきりさせるために実験用天秤を活用してみます．図2・6Aでは支点から向かって左の2つめのマスに3個の重りがあり，左回りの回転の効果をもちます．この効果に対して，支点から右に6つめのマスの1個の重りでつり合いをとること

ができます．つまり支点からの距離を3倍にすると重りの重さは1/3 ですみます．図2・6Bでは向かって左に6cmのところに10g×3＝30gの重りがあり，向かって右3cmのところに20g×3＝60gの重りがあります．この状態でつり合っています．テコの左側では距離が2倍なので1/2の重りですんでいます．

図2・6Bを別の見方でみてみましょう．左側の重りはテコを左回りに回転させようとしています．左側の距離は6cmであり，重りは30gです．これをかけ算すると6cm×30gとなります．数字の部分は6×30で180になります．長さと重さの単位の部分はcm×gとなりますが，これはそのまま残しておきます．

一方，右側の重りはテコを右回りに回転させようとしています．距離は3cmであり重りは60gです．これをかけ算すると数字の部分は3×60で180になります．単位の部分はcm×gとなります．左回りのかけ算の結果と，右回りのかけ算の結果はどちらも数字が180で単位がcm×gとなります．この両者が同じ値のときにテコはつり合うといえます．このように考えるとテコを回転させようとする効果は距離と重さのかけ算で表現できることになります[*4]．このような力と距離のかけ算を「力のモーメント」と呼びます．

力のモーメントがわかったところで，再度図2・5Cをみてください．5kgの重りが右回りの力のモーメントを作用させています．一方50kgの重りが左回りの力のモーメントを作用させています．両者の力のモーメントが等しければテコはつり合います．ここで注意してほしいのは片方の重りが右回りの力のモーメントを作用させているとき，他方の重りは逆の左回りの力のモーメントを作用させているということです．これはすべてのテコで成立します．両方とも右回りや，両方とも左回りではテコの原理が成り立ちません．

☛右の図は伸びすぎになりがちな膝を，適正な位置に保つ装具です．ここでは，3つの場所に力がかかります．左から右に2つの力がかかり，右からの矢印がかかるところでつり合いがとれます．これを3点支持といいます．

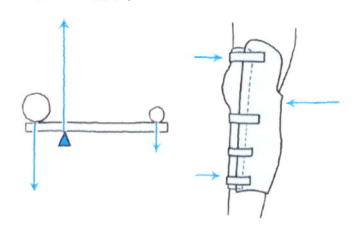

[*4] 図2・6Bのような実験用天秤で，支点から左側6cmのところに40gの重りを下げたとき，支点から右側3cmのところに何gの重りを下げればつり合うでしょうか．力のモーメントの考え方を使って答えてください．

1講では力を学びました．2講では力のモーメントを学びました．力が物体に作用すると，物体は直線的に動こうとします．力のモーメントが働くと，物体は支点を中心として回転したり傾いたりします．すなわち，力は物体を直線的に動かそうとする作用の大きさを表し，力のモーメントは物体を支点を中心に回転させようとする作用の大きさを表します．

力のモーメントのつり合い

テコの原理は，テコの支点を中心にして，力点にかかる力のモーメントが右回りなら，作用点にかかる力のモーメントは左回りであり（逆も同様），両者が等しければテコはつり合う，と考えることができます．

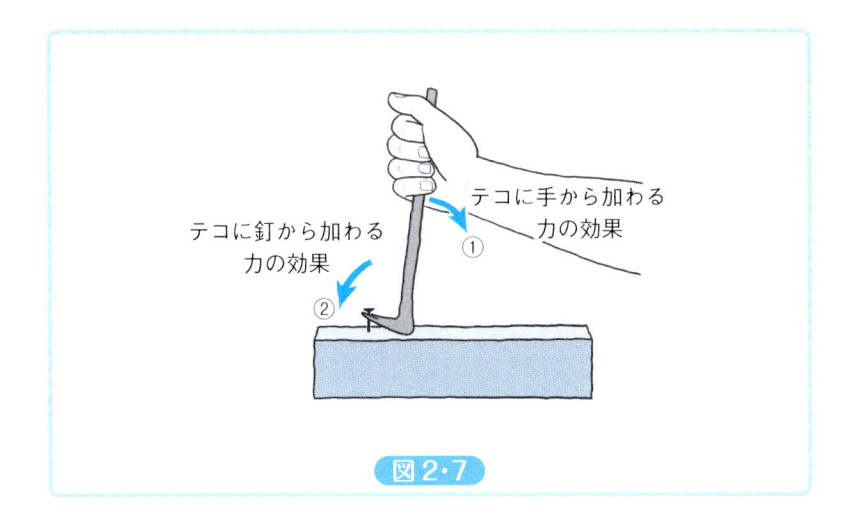

図2・7

この考え方を釘抜きに応用してみましょう．釘抜きに大きな力を加えると手で握った力点は右回りに動き，釘を抜く作用点も右回りに動きます．しかし，テコのつり合いを考える場合には動きのことは無視してください．

今度は動きではなくて，力を入れる向きに着目しましょう．力点に力を入れてテコを右回りに回転させようとする効果を図の矢印①にしてみました（**図2・7**）．つまり力点にかかる力のモーメントの向きは右回りです．

作用点では，釘抜きは釘を抜こうとしていますが，釘は抜かれまいとして抵抗して，釘抜きに反作用を及ぼします．テコを考えるにはこの反作用に着目しなくてはならないのです．なぜなら，この反作用こそ，テコの棒に外からかかる力であり，テコの原理を考えるには「テコに対して外からかかる力」を考える必要があるからです．この力のモーメントは左回りになります（矢印②）．

結局，力点には手によって右回りの力のモーメントがかかり，作用点には釘によって左回りの力のモーメントがかかることになります．右回りの力のモーメントと左回りのモーメントがつり合っていれば[*5]，釘はいつまでたっても抜けません．手によって起きる右回りの力のモーメントが釘によって起きる左回りのモーメントより少しでも大きければ，釘抜きは右回りに回転して，釘は抜けることになります．

*5 力のモーメントによる回転や傾きの表現方法　右回りの力のモーメントと左回りの力のモーメントがつり合っているときは，回転したり動いたりするような動きは生じません．右回りの力のモーメントが左回りの力のモーメントより大きいときは，右へ回転，あるいは傾きます．左回りの力のモーメントが右回りの力のモーメントより大きいときは，左へ回転，あるいは傾きます．

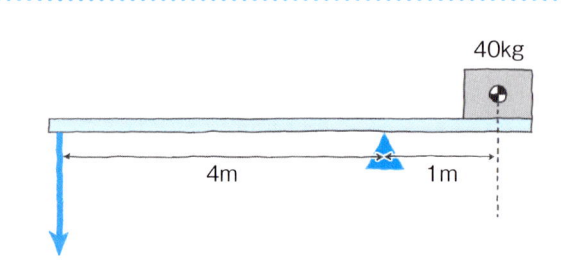

> **練習問題**
>
> ① 図では，テコで 40 kg の重りをもち上げようとしています．どこが支点ですか．どこが力点ですか．どこが作用点ですか．
>
> ② 支点から重りまでの距離が 1 m，支点から力点までの距離が 4 m とすると，テコがつり合うために必要な力は何 kg ですか．力のモーメントの考え方を使って答えなさい．

2講のまとめ

- 支点から力点（作用点）までの距離に力の大きさをかけたものを力のモーメントという
- 力はテコに外からかかる力を考える
- 左回りの力のモーメントと右回りの力のモーメントの値が等しいときテコはつり合う

テコの知識は，医療に使われる道具の働きを理解するために役立ちますし，人間の動きを考えるときにも役立ちます．しっかり復習してください．

3講　第2のテコ・第3のテコ

> **学習の目標**
> 1. テコの種類が説明できる
> 2. 力のモーメントの計算方法が説明できる
> 3. 力の単位を理解する

第2, 第3のテコ

前回，2講では，はじめに"テコの原理は力点，支点，作用点の並んでいる順序（中間に何がくるか）が重要である"と述べました（☞ p.14）．そして，支点が中間に並んでいる「第1のテコ」を例として，テコの基本的な考え方を学びました．本講では，支点が中間に並ばない，つまり作用点か力点が中間にくるテコの例を挙げて解説します．テコの原理を使った日常の道具から，まずはどこが支点，作用点，力点か考えてみましょう．

👉 爪切りもテコの応用です．片手が麻痺している人のために，粗大動作で使うことができる片手爪切りです．爪切りをもち上げる必要がないため，手の重さだけで爪を切ることができます．

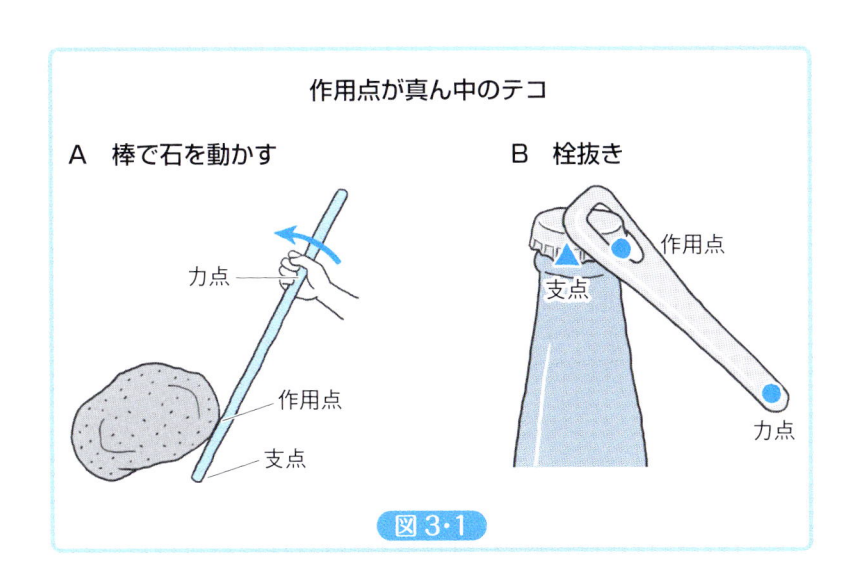

作用点が真ん中のテコ

A　棒で石を動かす

B　栓抜き

図3・1

棒をテコとして使う場合でも，棒の先端を地面に固定して，石をもち上げるというよりは，石を浮かせたり，動かしたりする使い方の場合には，支点が中間に並ぶのではなく，作用点が中間に並ぶことになります（図3・1A）．これらのように作用点が中間に並ぶテコを「第2のテコ」と呼びます．身近な例として栓抜きがあります（図3・1B）．

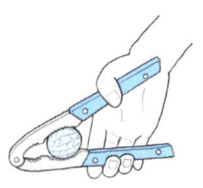

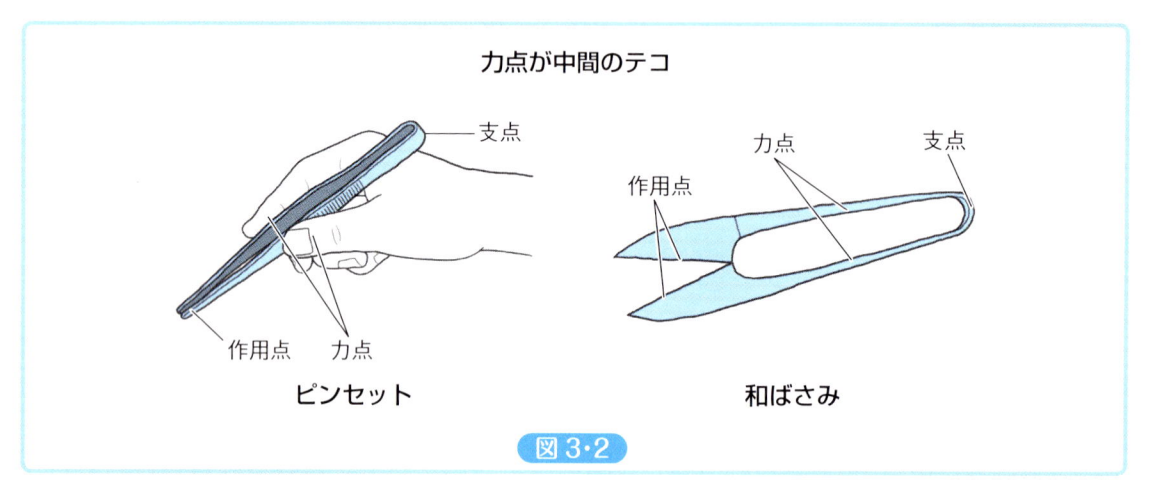

☛ くるみ割りは第2のテコの例です．

力点が中間のテコ

ピンセット　　　和ばさみ

図3・2

次に力点が中間にくるテコです．ピンセットや和ばさみがそれにあたります．これらは「第3のテコ」と呼ばれます（図3・2）．

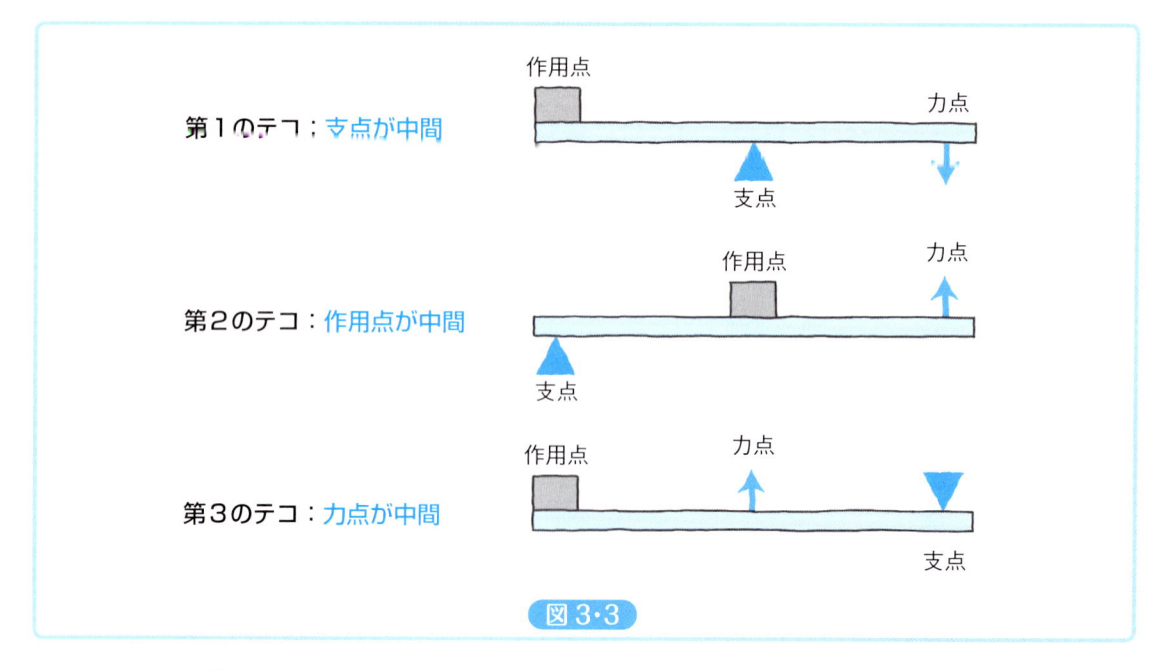

第1のテコ：支点が中間

第2のテコ：作用点が中間

第3のテコ：力点が中間

図3・3

ここでテコの種類についてまとめてみます．テコには3種類あります（図3・3）．

2講で力のモーメントの考え方を学びました．そこで，力の単位に慣れるためにニュートン（N）を使ってもう一度テコにかかる力を考えてみましょう[*2]．

*2 ここからは力の単位としてN（ニュートン）を使います．

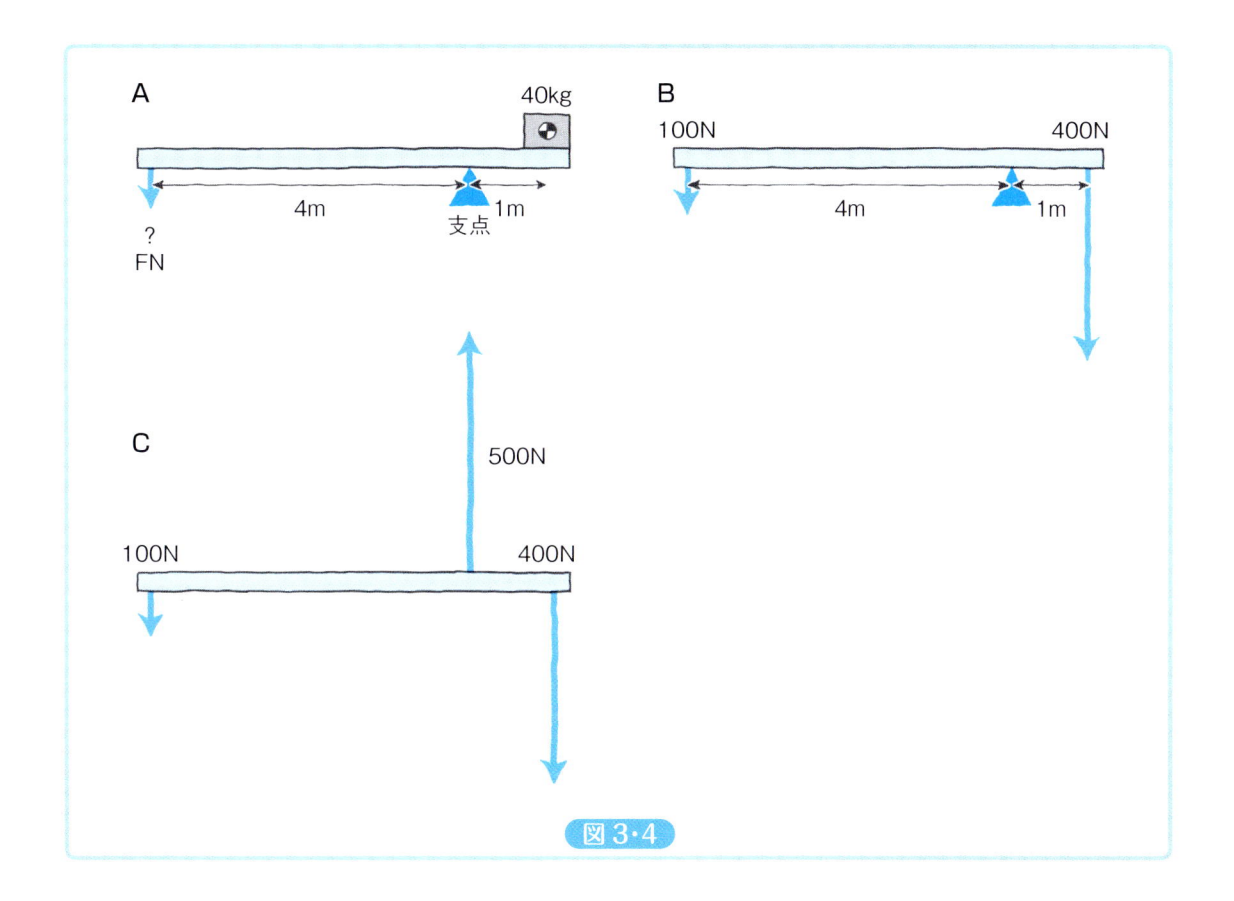

<figure>
図3・4
</figure>

支点から力点までの距離は4m，支点から作用点までの距離は1mとします（図3・4A）．テコがつり合うためには何Nの力が必要か考えてみます．重りの重さは40kgですので，重りに作用する重力は400Nです．テコにかかる力をFNとすると，テコがつり合うためには以下の式が成り立ちます．

$$FN \times 4m = 400N \times 1m$$

$$FN = \frac{400N \times 1m}{4m}$$

したがって，Fは100Nとなります．このときのテコに加わる力を図示すると図3・4Bのようになります．

では支点にかかる力はいくらになるでしょうか[*3]．図3・4Cのように400Nの重りによる重力と100Nの力の両方を支点で受け止めている[*4]のですから，500Nの力になります．

*3 テコは軽い，すなわち重さはないものと考えています．

*4 秤に400Nのものと，100Nのものをのせている図を想像してみてください．秤は500Nを表示します．

テコにかかる力を考えるときのポイントはテコに加わる3つの力[*5]を全部足すと，互いに打ち消し合ってゼロになることです．これはどんなテコでも成り立ちます．重要なポイントなので忘れないでください．

このように力を矢印で表すときは，その力が重りに加わる重力なのか，支点が支える力なのかは関係ありません．どの方向にどの大きさの力が作用しているかだけが問題になります．

*5 ①重りによる重力，②つり合わせるために力点に働かせる力，③支点が受け止めている力

力のモーメントの計算

テコのつり合いを考えるのに，力のモーメントの考え方を使いました．力のモーメントでは，力の大きさに支点から力点（あるいは支点から作用点）までの距離をかけます．このとき距離は，支点から力の方向に対して直角の線を引いてこの線の長さを測ります．

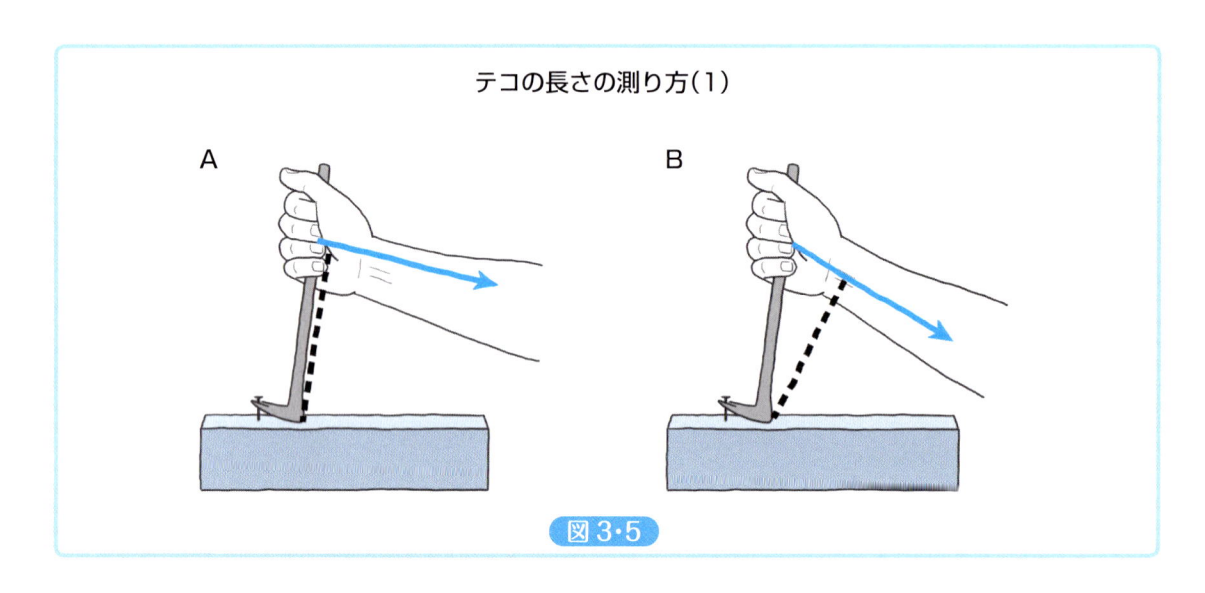

テコの長さの測り方(1)

A　　　　　　　　　　B

図 3・5

釘抜きの力点に力を加える場合を考えます（図3・5）．図3・5の2つの力は同じ大きさの力ですが，方向が違います．どちらの方向で釘が抜けやすいでしょうか．図3・5Aの矢印の方向が，釘が抜きやすいと推測できます．

力のモーメントの計算では，力に支点から力点までの距離をかけ算します．このときの距離は支点と力点を結んだ線の長さではなく，支点から力の方向に垂線を引きます[*6]．図では黒の点線が垂線です．図3・5Aではたまたま垂線が支点と力点を結んだ線と一致しているだけなのです．図3・5Bでは垂線の長さが短くなるので，同じ力で引いてもその分だけ力のモーメントは小さくなり，損をしてしまいます．

*6 力のモーメントを計算するときの支点から力の作用線までの距離は，力の方向を表す線に垂線をドロした距離です．

テコの長さの測り方（2）

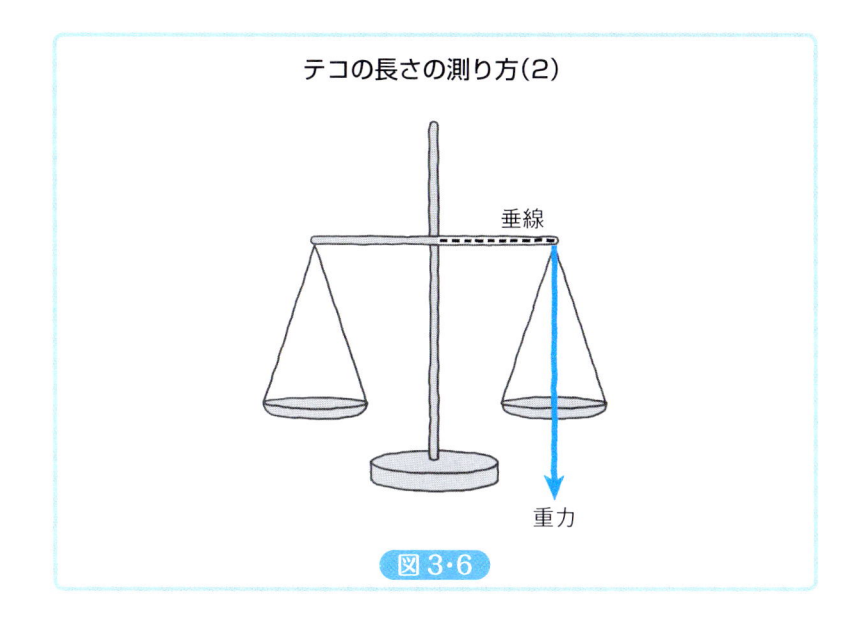

図3・6

　天秤の場合を考えてみます（図3・6）．天秤はテコのつり合いをとって柄が水平になるようにして使用します．皿には重りをのせ，この重りにかかる重力が力のモーメントを作用させます．重力は常に真下に向かって作用しますので，支点からこの重力に垂線を引くと，水平な線になります．テコの長さは水平に測ればよいことになるので，これは柄の長さに等しくなります．したがって天秤の場合には柄の長さに重りに作用する重力をかけると力のモーメントになります．

　テコの使用例は，日常生活の中にもみられます．テコの知識は，医療に使われる道具の働きを理解するために役立ちますし，人間の動きを考えるときにも役立ちます．

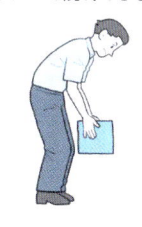

👉 重いものをもち上げるときは，身体に近いところでもち上げると腰への負担が少なくなります．これも，腰を支点とし，脊柱起立筋などを力点とするテコで説明できます．

👉 移乗動作は腰部負担が大きい動作です．膝を伸ばしたまま離れたところで行うと腰の負担が大きくなります．

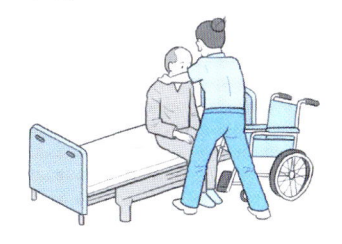

👉 防音室などでは，大きな力でドアをぴったりと閉じる必要があります．そこで，ドアノブにテコを利用して，手の力より大きな力で閉じることができるように工夫されています．

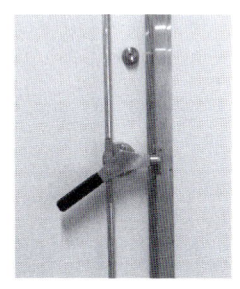

practice問題

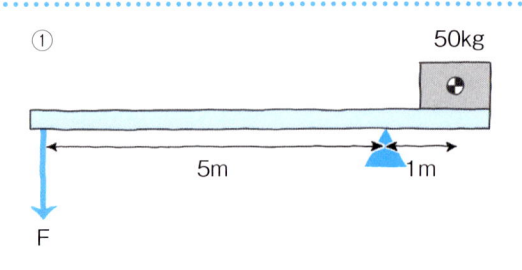

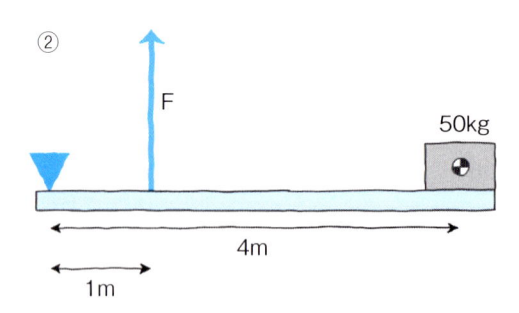

① 50kg
　　　5m　　1m
　F

②
　F
　　1m　　4m　　50kg

　①, ②はともにテコで50kgの重りを支えています．まずはどこが支点，力点，作用点か図に記入してみてください．それぞれ第何のテコですか．それができたら，支点，力点，作用点に加わる力は何Nか，力の大きさと方向を矢印とともに図示してください．

3講のまとめ

- 力の単位はN．1kgの重りに作用する重力は10N
- 第2のテコの代表は栓抜きである
- 第3のテコの代表はピンセットである
- 支点から力点までの距離に力をかけたもの，あるいは支点から作用点までの距離に力の大きさをかけたものを力のモーメントという
- 距離は力の方向に垂直になるように測る

4講　輪じく・滑車・歯車

学習の目標

1. 輪じくがテコの応用であることが説明できる
2. 滑車がテコの応用であることが説明できる
3. 歯車がテコの応用であることが説明できる
4. 偶力が説明できる

輪じくとは

輪じくのなかま

自動車のハンドル　　水道の蛇口

ドライバー　　ドアのノブ

図4・1

水道の蛇口やドライバー（ネジ回し）など，日常生活では人が握って回転させる道具が多く使われています．これらの道具では手で握る部分の直径が大きく，動く部分の直径が小さくなっています．このような形状で，小さな力で回転させる道具のことを輪じくといいます（図4・1）．

👉 障害者用の自動車ハンドルでは，片手でハンドルを回すことができます．ハンドルの中心を軸と考えると，輪じくとして考えられます．

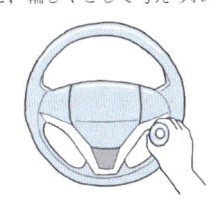

輪じくのしくみ

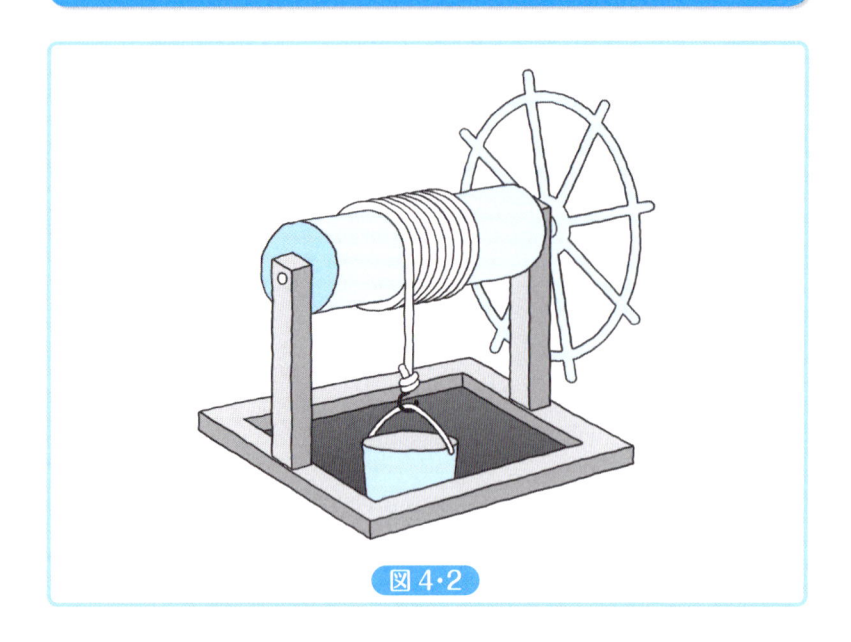

図4・2

　輪じく（図4・2）は小さい輪に大きな輪をつけて一緒に回るようにしたものです．大きい輪を回すと小さい輪も回り，小さい力で大きな力を生みだすことができます．蛇口のハンドルやドライバーの柄があることによって，水道の栓，ネジを回すことが容易になるのがわかると思います．

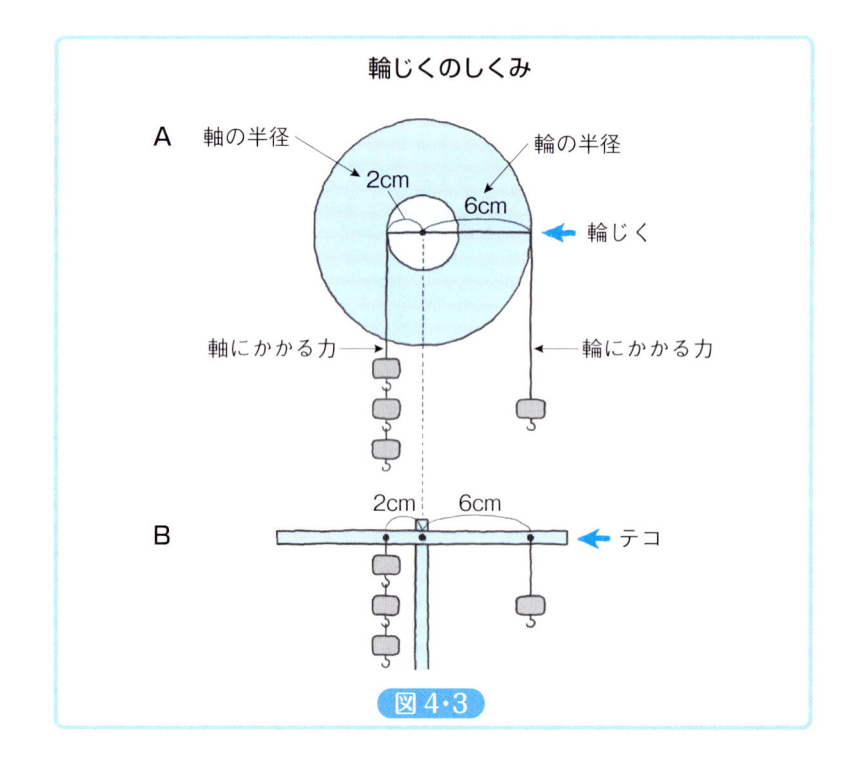

👉 手の力が弱った人が，自助具を使ってビンのネジ蓋を開けています．これも，蓋の中心を軸心と考えると輪じくとして説明できます．

輪じくのしくみ

A　軸の半径 2cm　輪の半径 6cm　← 輪じく
軸にかかる力　輪にかかる力

B　2cm　6cm　← テコ

図4・3

たとえば，図4・3Aのように大きな輪の半径が6cmで小さな輪の半径が2cmとします．これは図4・3Bに描いてあるように，支点から力点までが6cmで，支点から作用点までが2cmのテコと同じです．つまり輪じくはテコの応用なのです．支点は中央の回転軸ですので，力点と作用点の間に支点がはさまれているので，第1のテコといえます．

ドライバーにかかる力

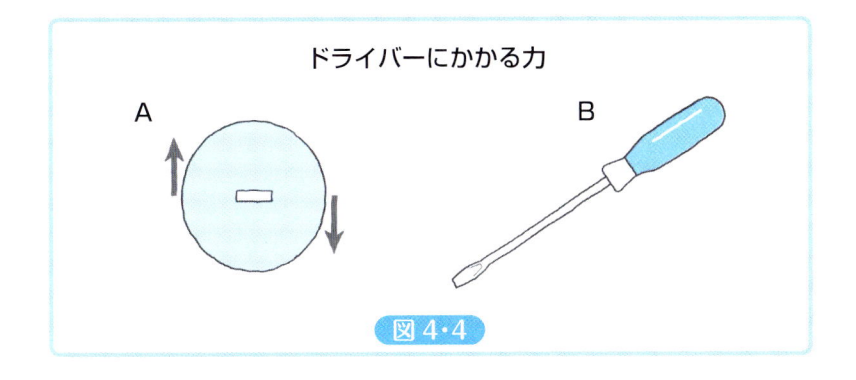

A　　　　　　　　　B

図4・4

　図4・4Aはドライバーを軸の先端からみたものです．ドライバーには先端が＋（プラス）になっているものと－（マイナス）になっているものがあります．ここでは－ドライバーを考えてみます．

　ドライバーを手で握って回すときには，必ず両側から指で挟んで2つの力で回します（図の矢印）．この力のように互いに平行で，同じ大きさをもち正反対を向いている力のことを「偶力（ぐうりょく）」といいます．偶力は物を移動させるのではなく，回転を生み出す力です．この図では黒矢印の力によってドライバーは右回りに回転しますが，左の力が下向き，右の力が上向きだった場合には反対方向の左向きに回転します．

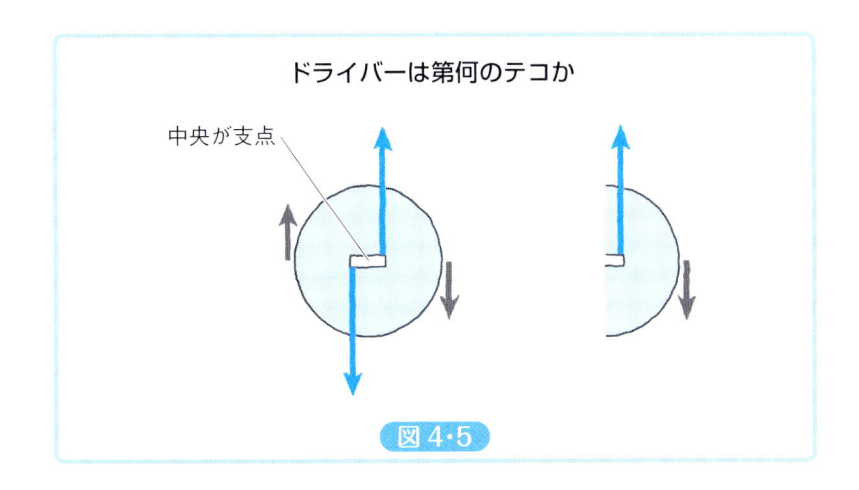

ドライバーは第何のテコか

中央が支点

図4・5

　ドライバーを先端のほうから，軸に沿ってみてみると図4・5のようになって，輪じくと同じ考え方ができることがわかります．つまりドラ

イバーもテコの原理を使っています．握りの部分には黒で描いた偶力を作用させます．そうすると，先端部分にはネジから青で描いたような反作用が偶力になって返ってきます．ネジに与える力を描いたのではなく，ネジからドライバーに返ってくる反作用を描いたことに注意してください．支点はネジの中央と考えられますから，ドライバーは2つのテコが組み合わさったものと考えられます．

右半分だけみてください．左の端には支点がきます．右の端には力点がきます．そして右半分の中間の位置にあるのは作用点です．つまりドライバーは作用点が中間の位置にあるので，第2のテコとみなされます．同様に左半分も第2のテコとみなされます．このようにおおもとの輪じくは第1のテコとみなされるのですが，ドライバーは第2のテコとみなしたほうがよさそうです．

黒の力に，握りの部分の半径をかけたものが，右半分のテコの右回りの力のモーメントになります．左半分にも同じように右回りの力のモーメントがあるので，これを足し算すると「力×半径×2」となって結局のところ「力×直径」が偶力が生み出す力のモーメントになります．青の偶力のモーメントも（同じ軸につながっているので）同じ値[*1]になります．テコなので力のモーメントは同じですが，力は増加することになります．

滑車とは

次に滑車について考えてみましょう．滑車とは中央に軸をもつ円盤で，溝にロープなどをかけて使用するものです．滑車には，滑車自体が天井などに固定されている定滑車（図4・6）と，滑車が移動する動滑車があります（図4・7）．そして滑車もテコの原理を応用しています．

*1 これらの力のモーメントが同じ値の場合はつり合っているので動きません．手による力のモーメントが大きくなると，回転が始まって，ドライバーの先にあるネジが閉め込まれたり，緩められたりします．

👉 首の牽引を行っている図です．ここでは，定滑車を使って力の方向を変えています．

[井ノ上修一：物理療法学テキスト，改訂第2版，p.308，南江堂，2013]

定滑車

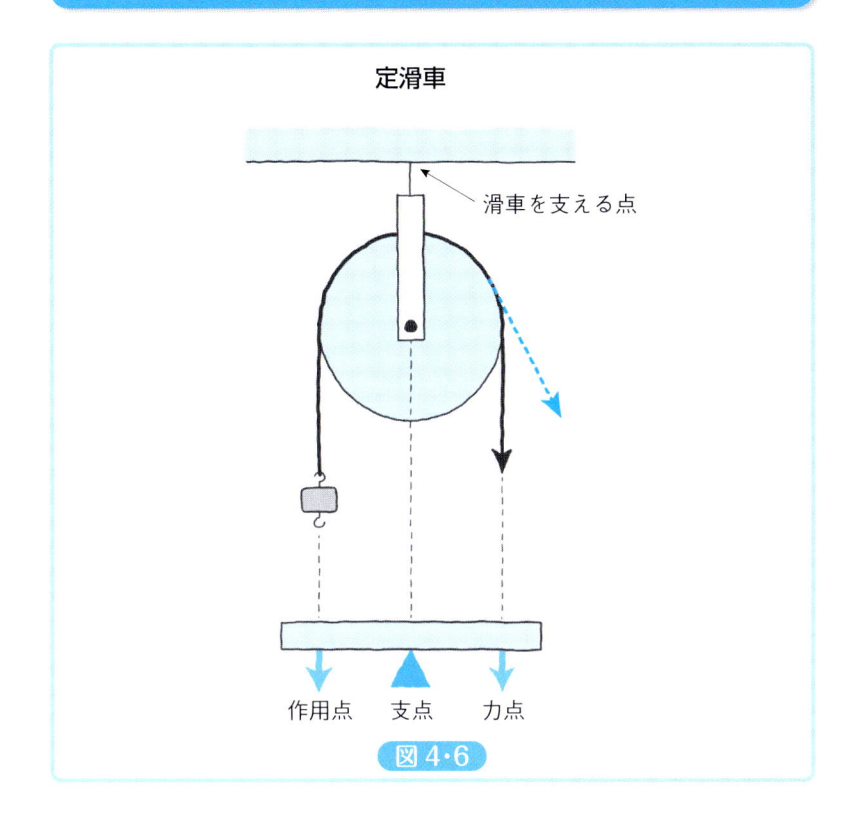

定滑車

滑車を支える点

作用点　支点　力点

図4・6

　定滑車[*2]ではロープの先端に重りをつけ，反対側のロープの先を**図4・6**の黒の実線矢印のようにひっぱったとすると，下の図のようにテコと置き換えて考えることができます．滑車は円盤なので，支点から作用点，支点から力点までの距離は同じです．したがって定滑車では力は大きくなりません．ロープを実線のように真下に引いているとすると物体は真上に動くので，力は大きくならないかわりに動きの方向が正反対になっています．また，青の破線のようにロープをひっぱる力の向きを変えても，同じように重りは真上に動くので，動きの方向を変えることもできるといえます．

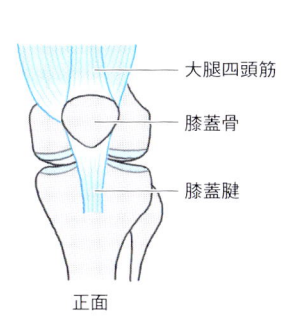

[*2] 定滑車とは，滑車の回転軸が天井などに固定されていて，滑車自身が移動しない滑車をいいます．

☞ 上腕義手では，肘の近くをケーブルが通りますが，滑車を使って肘からの距離を一定に保つことで，肘が大きく曲がったときでも，手先を開くのに大きな力を必要とするようなことがありません．

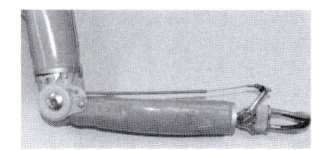

☞ 大腿四頭筋は膝蓋骨で一体になって膝蓋腱として下腿の脛骨につながります．ここでは，膝蓋骨は力の方向を変えるという意味で，滑車の役割を果たしています．

大腿四頭筋
膝蓋骨
膝蓋腱

正面

動滑車

動滑車

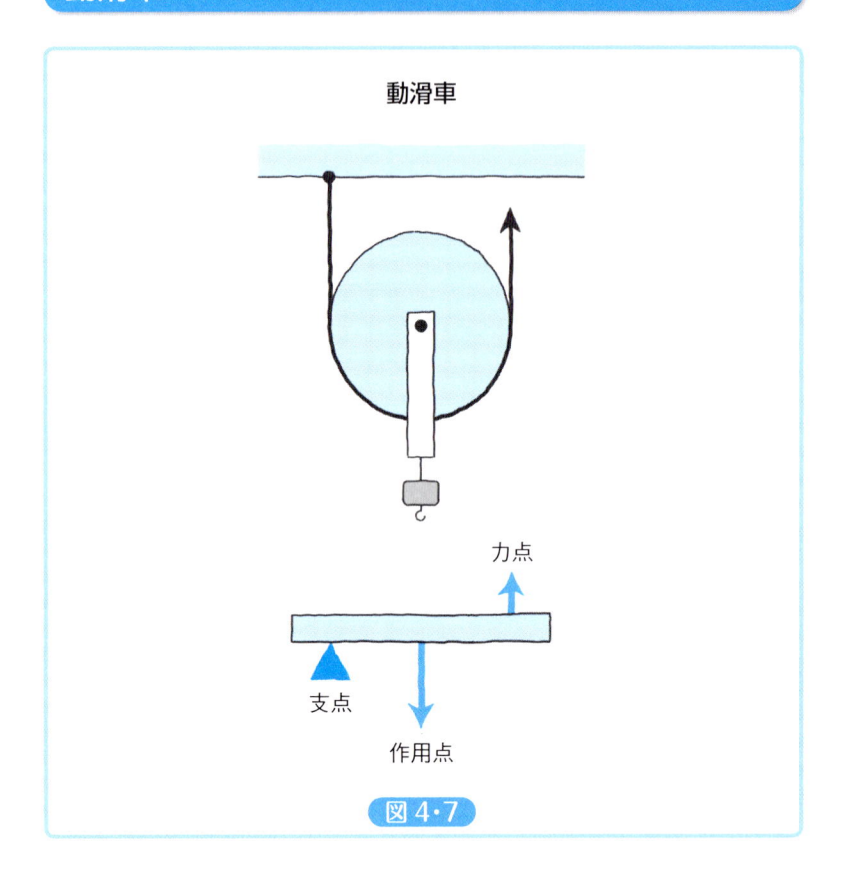

図4・7

滑車に巻いたロープの一端を天井などに固定し，他の一端に力を加えて　軸からつり下げた重りをもち上げるための滑車を動滑車[*3]と呼びます．

下の図で示したように動滑車もテコの原理を応用しています．ただし支点は円盤の軸ではなく，円盤がつり下げられている点となります．軸は重りをぶら下げるので作用点です．右端は力点です．

そうすると，支点から力点までの距離は円盤の直径となり，支点から作用点までの距離は円盤の半径となります．直径は半径の2倍ですから，ここでは力は倍増されます．すなわち動滑車では重りと滑車に作用する重力の半分の力で重りをもち上げることができるのです．

[*3] 動滑車とは，滑車の回転軸がつり下げられている物体につながっていて，滑車自身が物体と一緒に移動する滑車をいいます．

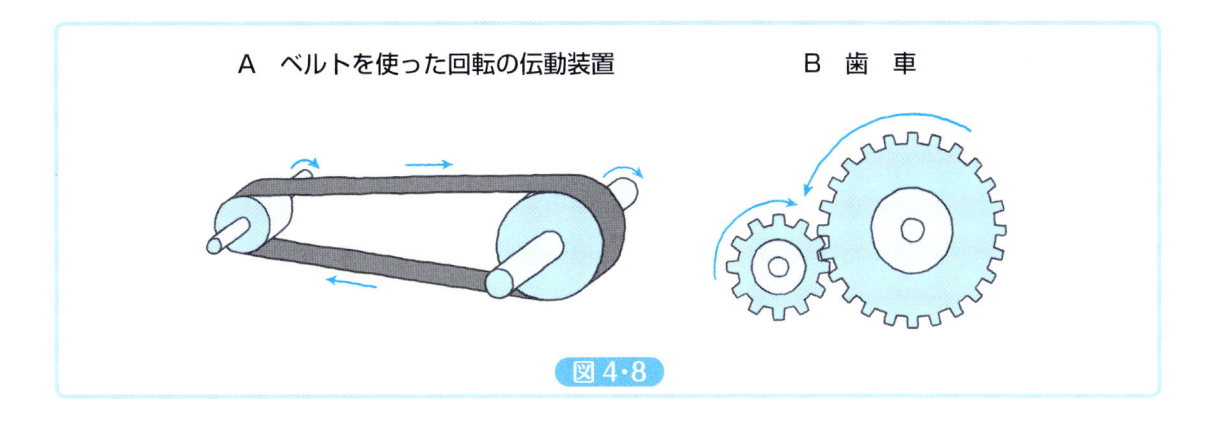

回転を伝動する装置

A　ベルトを使った回転の伝動装置　　　　B　歯車

図4・8

　ベルトを使って回転を伝動する装置もテコの原理の応用です．図4・8Aでは左の細い回転輪から右の太い回転輪に回転を伝動しています．ベルトをひっぱって回転を伝動しますので，細い輪でベルトをひっぱる力と，太い輪でベルトがひっぱられる力は同じです．しかし輪の半径が違うので，力のモーメントは太い輪のほうで大きくなります．つまりこの装置は力を増加させる装置ではなく，力のモーメントを増加させる装置といえます．このような装置は車の車輪の回転などで使われています．

　図4・8Bの歯車もテコの原理を応用しています．ベルトによる回転の伝動装置とそっくり同じです．左の小さい歯車から右の大きな歯車に回転を伝動しているとします．歯を噛み合わせて回転を伝動しますので，小さな歯車の歯が与える力と，大きな歯車の歯が受ける力は同じです．しかし歯車の半径が違うので，力のモーメントは大きな歯車のほうで大きくなります．つまりこの装置も力を増加させる装置ではなく，力のモーメントを増加させる装置といえます．

　またベルト伝動装置と歯車は回転軸の回転スピードを変えるためによく用いられています．

👉 手でペダルを回すことで駆動する車いすです．手で回すペダルからベルトやチェーン，歯車などを使って車輪に力を伝えて走行します．速いものでは時速50 kmを出すことができるものもあります．

［金沢善智：地域リハビリテーション学テキスト，改訂第2版，p.193，南江堂，2012］

練 習 問 題

問題① 定滑車

40 kg の人間とつり合うために何 kg の重りが必要ですか．ゴンドラの重さは左右で同じで 10 kg とします．

問題② 動滑車

（a）円盤の重さを無視した場合，10 kg の重さの荷物をもち上げるにはいくらの力が必要ですか．（b）円盤の重さが 1 kg ではどうですか．力の単位は N で答えてください．

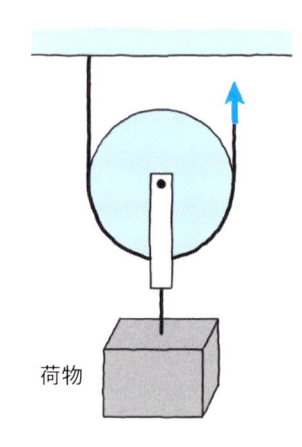

問題③ 定滑車と動滑車

40 kg の人間とつり合うには何 kg の重りが必要ですか．ゴンドラの重さは両方とも同じで 10 kg，円盤の重さは無視してください．

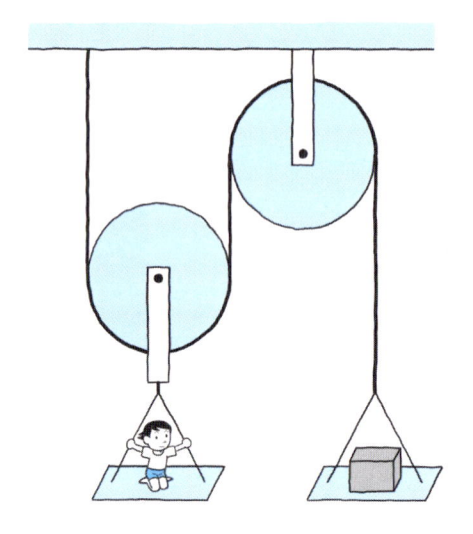

問題④ 組み合わせた滑車

興味がある学生は，いろいろな滑車の組み合わせで必要な力を考えてみてください．滑車の重さは無視して下さい．

(a) 人間は 40 kg，ゴンドラは 10 kg とします．人間とつり合うには何 kg の重りが必要ですか．

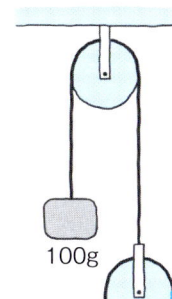

(b)

(c)

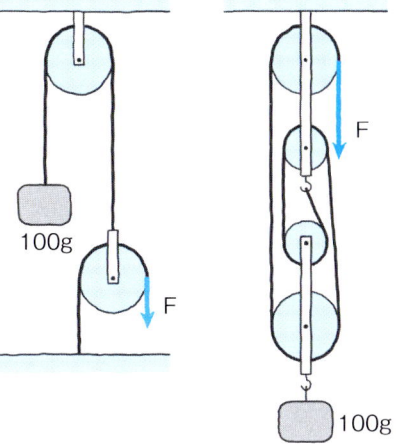

4講のまとめ

- 輪じくは，半径の違う輪を使って小さな力で大きな力を生み出す
- 定滑車は動きの方向を変える
- 動滑車を使うと半分の力ですむ
- 歯車は力のモーメントと回転のスピードを変える

5講　生体の中のテコ

学習の目標

1. 生体の中にテコをみつけることができる
2. どこが支点かいえる
3. どこが力点かいえる
4. どこが作用点かいえる

この講では生体の中のテコについて学びます．

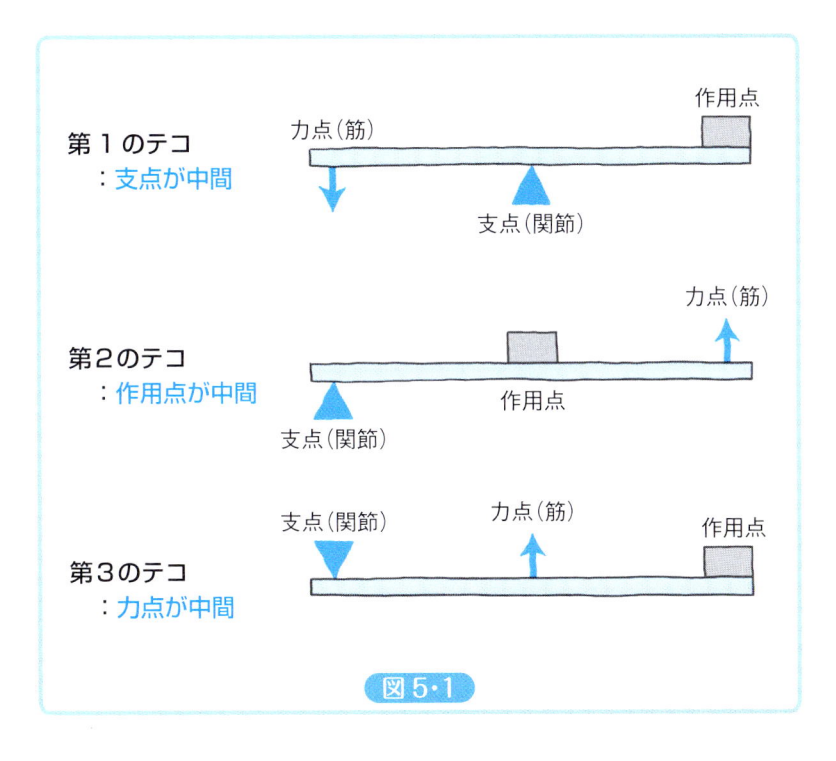

第1のテコ
：支点が中間

第2のテコ
：作用点が中間

第3のテコ
：力点が中間

図5・1

> 上肢や下肢の筋の働きはほとんどがテコの働きで説明できます．この図は母指内転筋で，母指に対して直角に近い方向から引く力を働かせるので，効率のよいテコの例として考えられます．

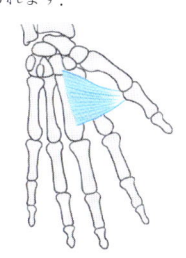

テコとは，小さな力を大きな力に変える物（道具）であり，3種類のテコがあることを学びました（**図5・1**）．

テコを生体に応用する場合，テコは棒の形をしているわけではありま

せん．実際には，この棒が生体のどの部分に相当するのかを正しくみきわめることが重要です．生体に応用する場合のコツを説明すると，支点はつねに関節[*1]だと思ってください．力点は筋の付着点，作用点は重りをかける点です（図5・1）．

*1 支点は関節，力点は筋の付着点，作用点は重りをかける点，上肢や下肢，体幹など体の部分の重心を作用点と考える場合もあります．

テコにかかる力をみきわめる①

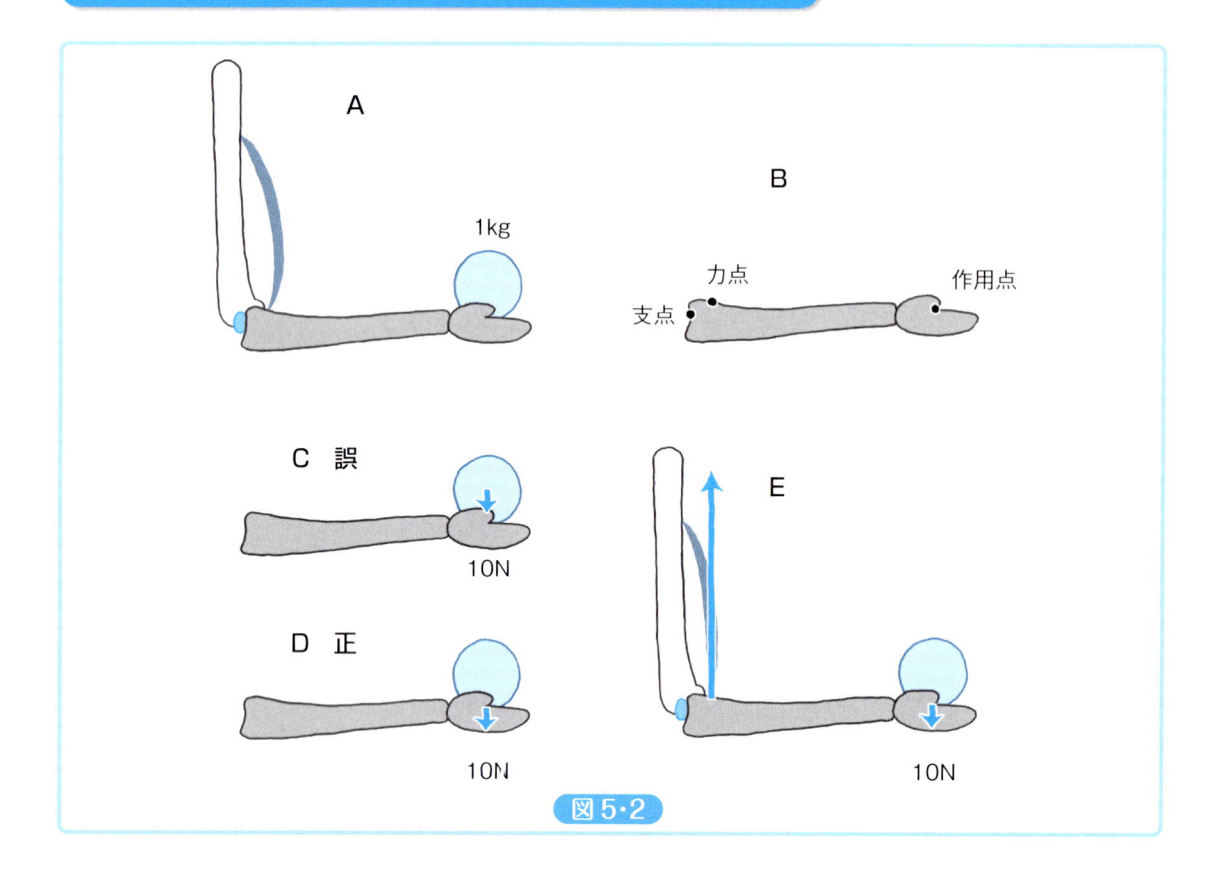

図5・2

図5・2Aは肘関節を曲げて1kgの重りをもっている図です．この図でどの部分がテコに相当するでしょうか．

答えは前腕部と手部が一体になった部分がテコです（図5・2B）．肘関節が支点，上腕二頭筋が前腕に付着している部分が力点，重りの重力がかかっている部分が作用点[*2]（荷重点）です．

この図に，作用点にかかる力を図示してください．作用点にかかる力を描くとき，この図5・2Cのように重りにかかる力を描くのは誤りです．重りの重心から矢印を描いているからです．これでは重りにかかる力になってしまいます．そうではなくて，テコにかかる力を描かなければなりません．「どこがテコですか？」という問題を出したのはそのためです．図5・2Dが正解です．

*2 ここでは，説明を簡単にするために，前腕部と手部の重さは無視して，1kgの重りだけが作用していると想定しています．また，手関節も前腕部に固定されていると考えてください．

次に，力点にかかる力を描くと**図5・2E**のようになります．

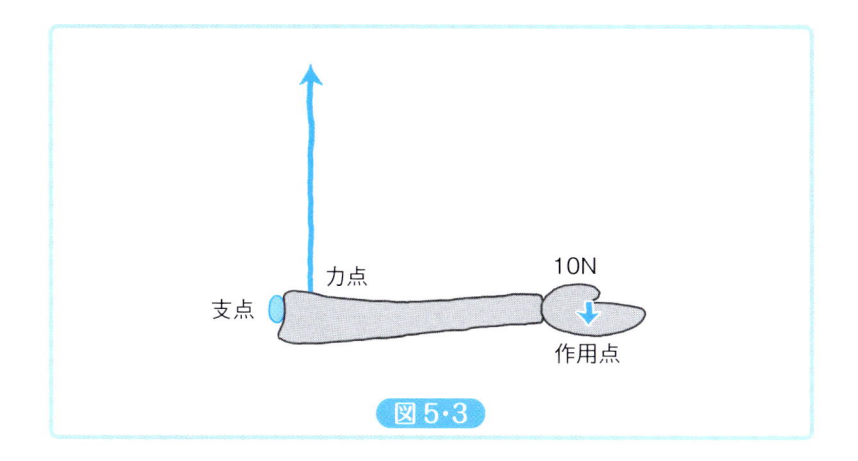

図5・3

テコの部分とテコの力点と作用点にかかる力だけを抜き出して描くと，**図5・3**のようになります．ここで注意したいのは，支点から力点までの距離は小さく，支点から作用点までの距離は長いことです．

これは今まで勉強してきたテコと違います．今までのテコでは支点から力点までの距離は長く，支点から作用点までの距離は短く，これによって力点の少ない力が作用点で大きな力を生み出したのです．通常われわれが使用するテコは小さな力で大きな力を生み出すためのテコなのですが，生体内のテコはこれと逆に大きな力を小さくしています．

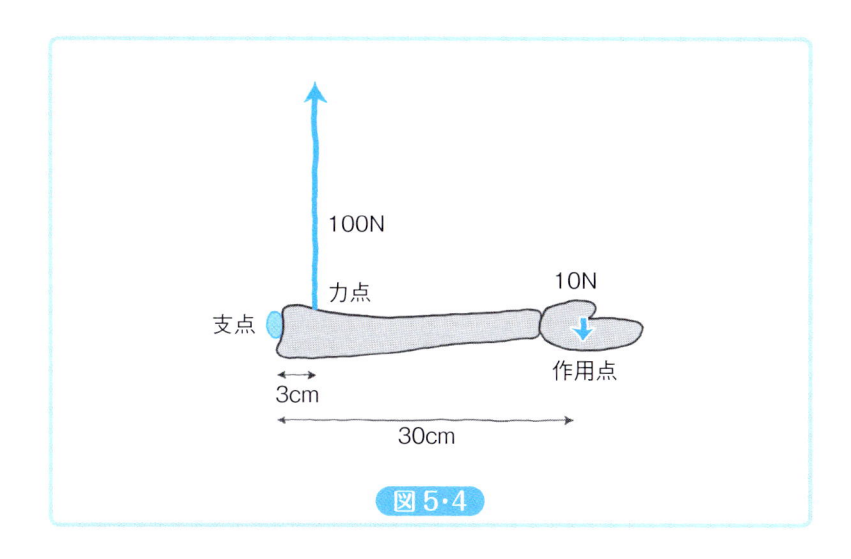

図5・4

たとえば，**図5・4**のように支点から作用点までの距離が支点から力点までの距離の10倍の場合，力点に必要な力は作用点の力の10倍になります．

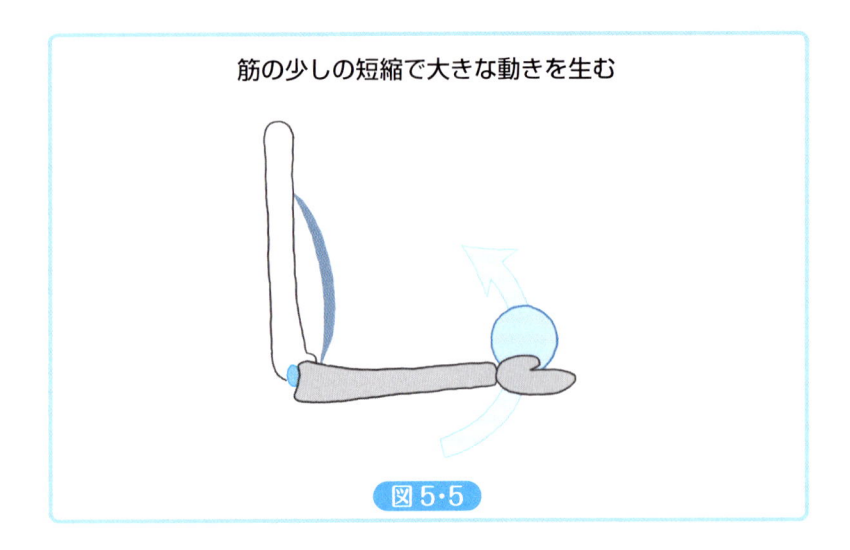

筋の少しの短縮で大きな動きを生む

図 5・5

　このテコはどんな有利なことがあるのでしょうか．図 5・5 をみてください．手先の動きの範囲がとても大きいです．力点では 10 倍の力が必要なかわりに，筋の少しの短縮で 10 倍の動きの範囲を得ることができます．これは，筋の短縮速度が 10 倍に拡大されることでもあります．このような構造は，敵から逃れたり，獲物を捕ったりするのに手先には素早い動きが必要だったからです．そして，このテコは，力点が中間にあるので，第 3 のテコになります（図 5・1）．

テコにかかる力をみきわめる②

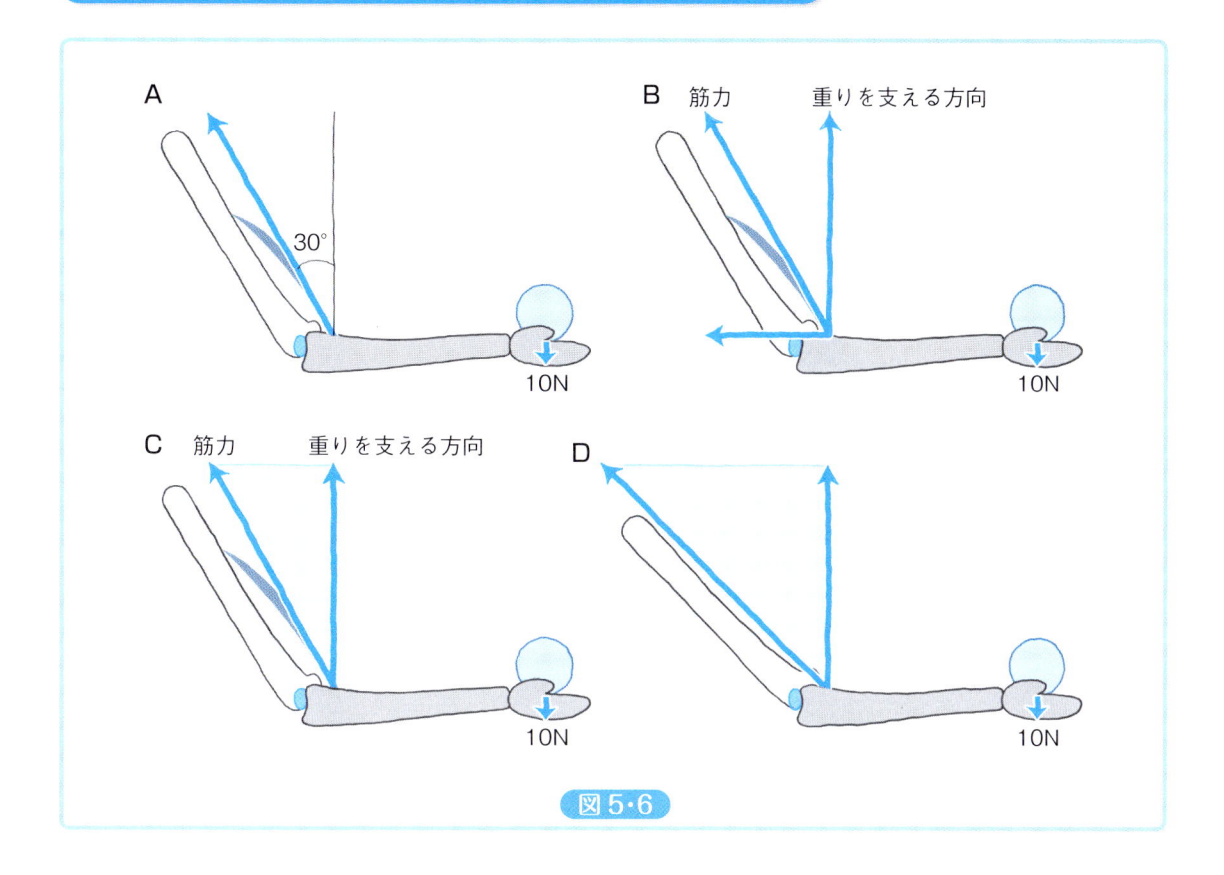

図5・6

　次に肘関節をやや伸展している（肘を少し伸ばして，上腕を鉛直から30°傾けた）状態を考えてみます．前腕は水平になっているとします（図5・6A）．このときに必要な筋力はどうなるでしょう．

　ここでは力点の筋力を，重りを支える方向と，それと直角な力に分解して考えます（図5・6B）．このとき前腕に垂直な力だけが重りを支える働きがあり，この力がテコの回転に作用します．

　もともとの筋力と前腕に垂直な力にはどのような関係があるかみてみましょう．もともとの筋力と前腕に垂直な力を2辺とする直角三角形を考えてみます（図5・6C）．

　この三角形では筋力に相当する斜辺の長さが，ほかの辺より必ず大きくなります．すなわち肘を伸ばした状態で重りを支えるためには，前腕に垂直な力よりも大きな筋力が必要になることがわかります．言い換えれば，筋力が前腕に垂直な状態のときにもっとも少ない力で支えることができ，肘が伸びていくほど重りを支えるために大きな筋力が必要になります（図5・6D）．

【応用編】三角関数を使って理解する

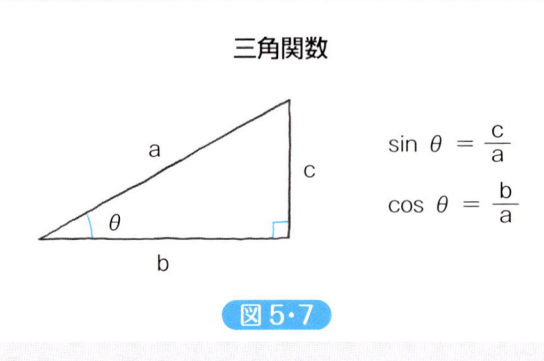

三角関数

$$\sin \theta = \frac{c}{a}$$

$$\cos \theta = \frac{b}{a}$$

図 5・7

ここで直角三角形の3つの辺の長さについての関係式である三角関数を使います.

1つの角が θ の直角三角形の斜辺の長さを a, θ を挟んで斜辺と隣り合う辺の長さを b, もう一方の辺の長さを c とします(図 5・7). このとき $\frac{c}{a}$ は $\sin \theta$(サイン シータ), $\frac{b}{a}$ は $\cos \theta$(コサイン シータ)で表せます. θ が 30°の場合, $a:b:c = 2:\sqrt{3}:1$ となるので $\sin \theta = 0.50$, $\cos \theta = 0.87$ です.

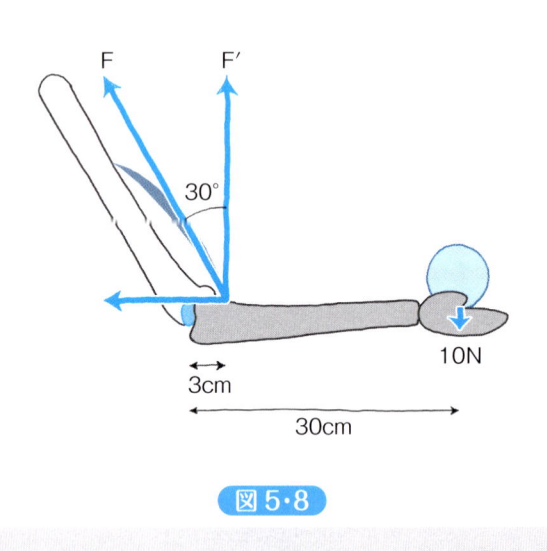

図 5・8

三角関数を使うと,図 5・6B の筋力は次のように考えることができます.まず,テコのつり合いを考えると,重りを支えるのに必要な前腕に垂直な力 F′ は以下のようにして求められます(図 5・8).

$$F'\,N \times 3\,cm = 10\,N \times 30\,cm$$

$$F'\,N = \frac{10\,N \times 30\,cm}{3\,cm}$$

$$F' = 100\,N$$

必要な筋力をFとすると

$$F' = F \times \cos 30°$$

したがって

$$F = F'/\cos 30°$$
$$F = 100\,N/\cos 30° = 100\,N/0.87 = 115\,N$$

この結果から，肘関節を伸展した状態では肘関節 90°のときよりも重りを支えるために 15 N 分多くの筋力が必要なことがわかります．

テコにかかる力をみきわめる③

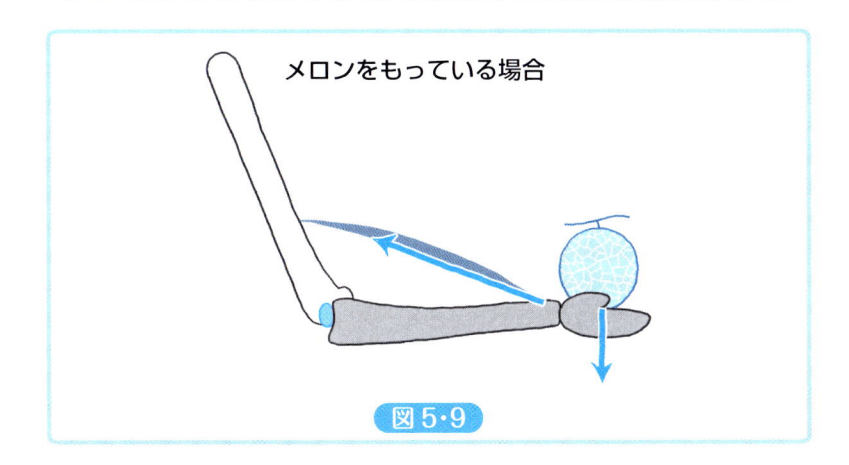

メロンをもっている場合

図 5・9

腕橈骨筋でメロンをもっている図です（図 5・9）．このときどこが支点，力点，作用点になるでしょうか．そしてこのテコは第何のテコになるでしょうか．

答えは力点が中間になるので，これは第 3 のテコです．

何ももっていない場合

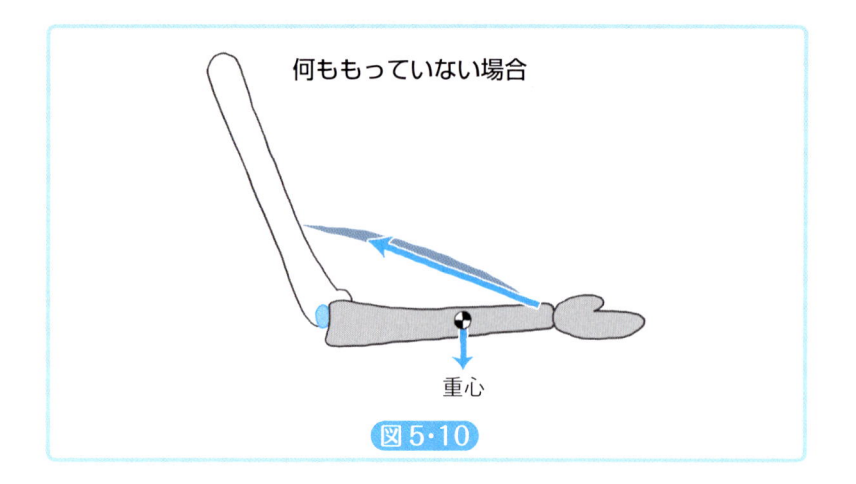

図5・10

　次は，腕橈骨筋で何ももっていない場合です（**図5・10**）．今までは簡単にするために前腕（正確には前腕と手部）の重力は無視してきましたが，何ももっていないときには前腕そのものに加わる重力を考慮せざるを得ません．

　前腕の重心が，腕橈骨筋の前腕の付着部よりも肘に近いところにあるとします．ここに前腕の重力がかかることになります．すなわち，ここが作用点になります．そうすると，支点，作用点，力点の順番に並ぶことになり，作用点が中間に並びますので，第2のテコと考えることができます[*3]．

*3 国家試験の問題では腕橈骨筋は第2のテコを構成するとみなす場合が多いです．

練習問題

問題① この図で，Gは頭蓋骨の重心です．Wの重さがかかっています．この状態で頸（くび）の筋で，あごを上に向ける方向の回転作用を与えています．どこに支点，作用点，力点がありますか．またFを計算する式を求めなさい．

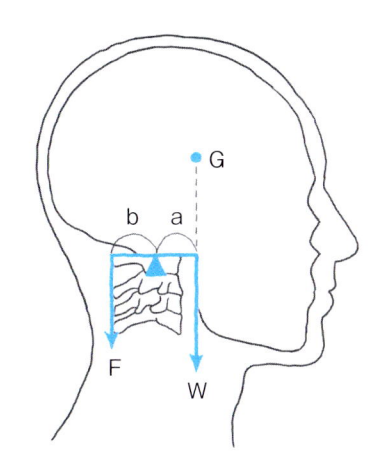

問題② 上腕二頭筋で前腕と手部に加わる重力20Nを支えています．Fはいくらですか．

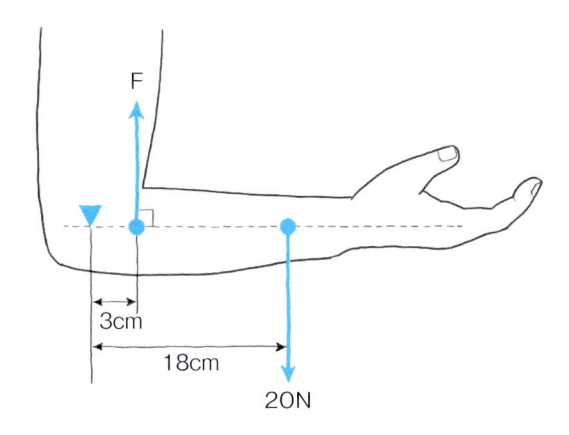

問題③ ○か×で答えなさい．
1. 腕橈骨筋は第2のテコである
2. 大腿四頭筋は第2のテコである
3. 上腕三頭筋は第1のテコである
4. 上腕二頭筋は第3のテコである
5. 三角筋は第3のテコである

5講のまとめ

- 生体の中のテコでは，どこがテコかをみきわめることが重要
- 支点は関節，力点は筋の付着点，作用点は重りがかかる点
- 力がテコに対して斜めにかかる場合は，垂直な成分とそれに直角な方向に力を分解して考える

6講 下肢に存在するテコ

学習の目標

1. 生体の中にテコをみつけることができる
2. どこが支点かいえる
3. どこが力点かいえる
4. どこが作用点かいえる

足部のテコ

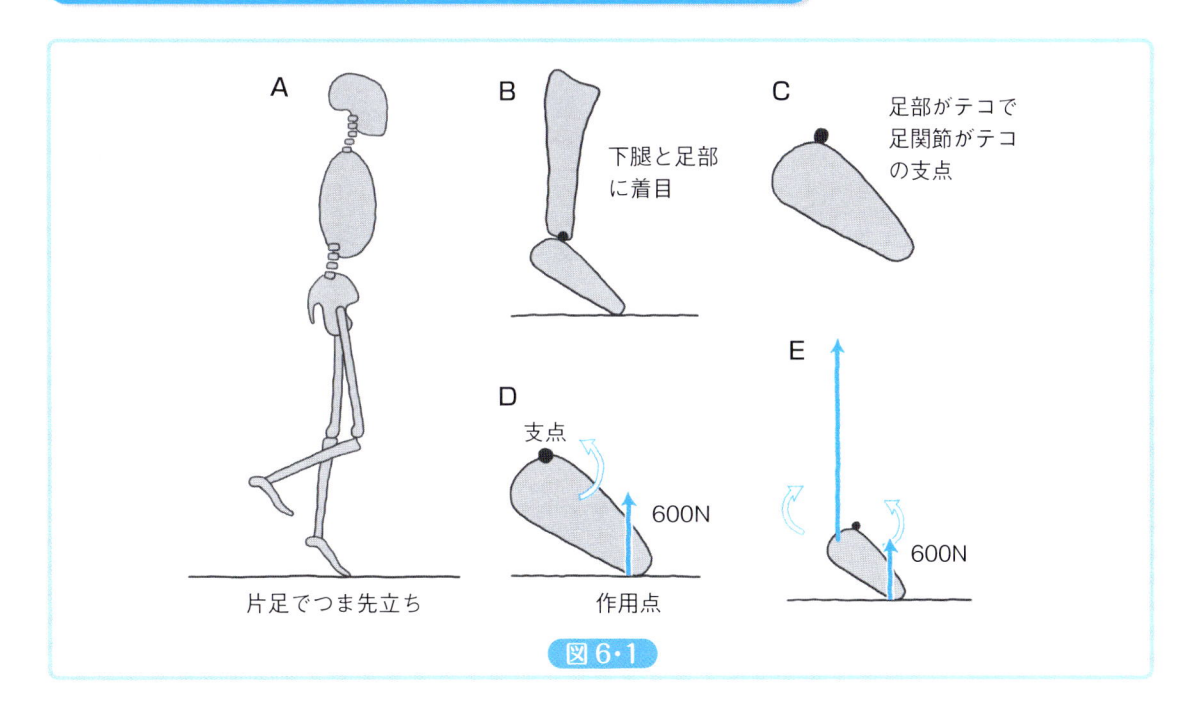

図中ラベル：
- A 片足でつま先立ち
- B 下腿と足部に着目
- C 足部がテコで足関節がテコの支点
- D 支点／作用点／600N
- E 600N

図6・1

　次は下肢の例です．体重60 kgの人が片足でつま先立ちをしているとします（**図6・1A**）．このときの足関節まわりの筋力について考えてみます．
　下腿部と足部に着目します．まず理解しなくてはならないのは，どの

部分がテコなのかをみきわめることです（**図6・1B**）．足部を1つの棒のようなものに見立てたとき，足部がテコになります（**図6・1C**）．次はどこが支点かを考えます．足関節が支点です．生体では必ず関節が支点になります．

次は作用点を探しましょう．片足立ちしている足ではつま先に床からの反力がかかるので，つま先が作用点になります（**図6・1D**）．片足立ちの場合，体重をすべてつま先で支えるため，つま先に加わる床反力[*1]は，重心に加わる重力と等しくなります[*2]．体重60 kgなら，床反力は600 Nです．600 Nの力によってつま先をもち上げる方向（この図では反時計回り）に足部を回転する作用が生じます．足部には重力も加わりますが，足部の重さは体重よりずっと小さいので，ここでは無視して考えます．

それでは力点はどこでしょうか．足関節のうしろにはアキレス腱が付着しており，その先にはふくらはぎの筋であるヒラメ筋と腓腹筋があります．これらの筋が踵を上方に引き上げています．つまりアキレス腱の付着部が力点です（**図6・1E**）．この力はつま先を下げる方向（この図では時計回り）の回転の作用[*3]があります．

テコのつり合いをとるために必要な筋力は，テコの支点である関節から作用点までと，支点から力点までの距離によって決まります．2つの力による回転の作用が同じなら，テコはつり合って片足立位を保つことができます．このテコは支点が中間に並びますから，第1のテコです．

[*1] 人が床に立っているときは，身体が床に対して体重に相当する力を加えていると考えます．そのとき，身体が床にめりこんでいかないのは，それに対して，床は同じ力で押し返しているからであると考え，これで力がつり合っていると考えます．この床からの力を「床反力」と呼びます．

[*2] 体重計にのって背伸びをして，体重をすべてつま先で支えていることを想像してみてください．体重計の表示は体重のままで変化はありません．これは，床反力は重心に加わる重力に等しいということです．

[*3] ふくらはぎの筋が収縮することによって，足関節を支点とする時計回りの力のモーメントを発生します．この力のモーメントが床からつま先に向かって働く力（床反力）による力のモーメントとつり合うことで背伸びをした状態を保ちます．

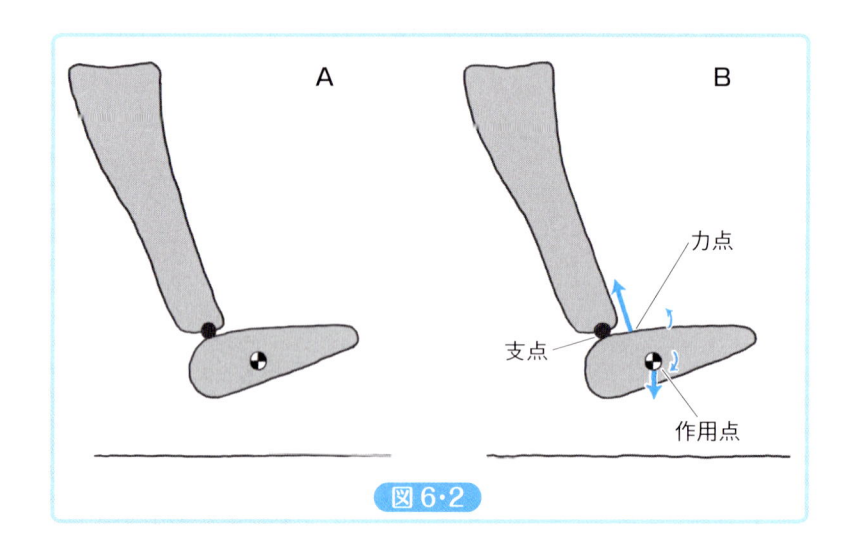

図6・2

図6・2Aは歩行中の下腿部と足部で，足が床から浮いている状態です．足が床から離れているので床反力はありません．つま先が床にひっかからないようにするにはどのような筋力が必要でしょうか．

足部の重心には重力が加わります．足部の重さは体重の1.5％くらいなのでこの重力は小さい力ですが，重力はつま先を下げる方向に足部を回転する作用をもちます（**図6・2B**）．これにつり合うのが下腿部の前部にある前脛骨筋と呼ばれる筋の筋力です．足先が下に垂れ下がらないように働いています．

　ここでは，足関節が支点，前脛骨筋の足部への付着点が力点，足部の重心が作用点となります．これは力点が中間になるので，第3のテコです．

片脚立ち

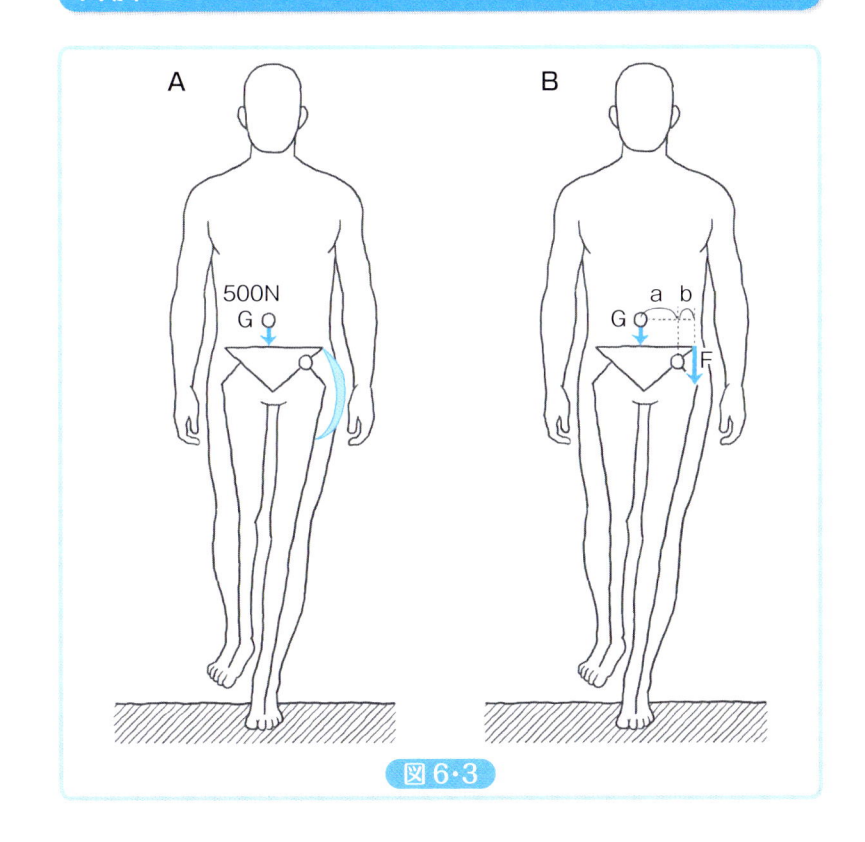

図6・3

　人が片脚立ちをしているとします．立っている脚以外の部分の重心であるG点に加わる力が500Nとすると，この姿勢を保つために股関節外転筋群に必要な力はいくらになるのか考えてみます（**図6・3A**）．

　立っている脚をテコの土台として，脚以外の部分をテコとして考えます．支点は股関節でその上にヤジロベエのように脚がのっています（**図6・3B**）．テコには体に加わる重力500Nと股関節外転筋の力が働きます．支点が中間にあるので，これは第1のテコです．

　支点からG点までの水平距離をa，外転筋の付着点までの水平距離

▶ 股関節の長内転筋のテコの例です．骨盤を固定側として考えると，筋の収縮によって股関節を支点として，大腿骨が内転．大腿骨を固定側として考えると，股関節を支点として，骨盤が下がってくることがわかります．

▶ 歩行を支援する装置です．腰のところのモーターで，脚の振りだしを補助します．

［写真提供：本田技研工業株式会社］

をbとすると，G点にかかる力が500Nなので，外転筋の筋力Fは以下の式で計算できます．

$$500\,N \times a = F \times b$$
$$F = 500\,N \times a/b$$

もしaがbの2倍なら，F = 1,000 N となります．

練習問題

問題① 歩行中の下腿部と足部の図です．踵が床に触れたところの場面です．床からの反力が踵に作用しています．このときどのような筋が働いているでしょうか．働いているのはヒラメ筋，腓腹筋ですか．前脛骨筋ですか．

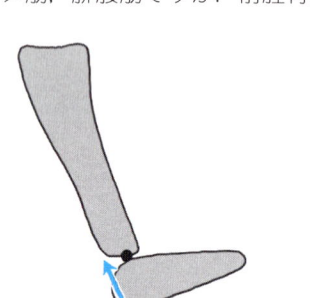

問題② ○か×で答えなさい．
1. 片脚で立ったときに骨盤に対する中殿筋の作用は第1のテコである
2. 地面から離れた下肢を外転させる中殿筋の作用は第3のテコである
3. push up における肘伸展の上腕三頭筋の作用は第1のテコである

6講のまとめ

- 生体の中のテコでは，どこがテコかをみきわめることが重要
- 支点は関節，力点は筋の付着点，作用点は重りがかかる点
- 床に接している下肢のテコでは床反力の作用を考える

7講 作用・反作用，力の分解，斜面，振り子，摩擦力

学習の目標

1. 作用・反作用が説明できる
2. 力の分解が斜面の例で説明できる
3. 力の分解が振り子の例で説明できる
4. 摩擦力について説明できる

作用・反作用①

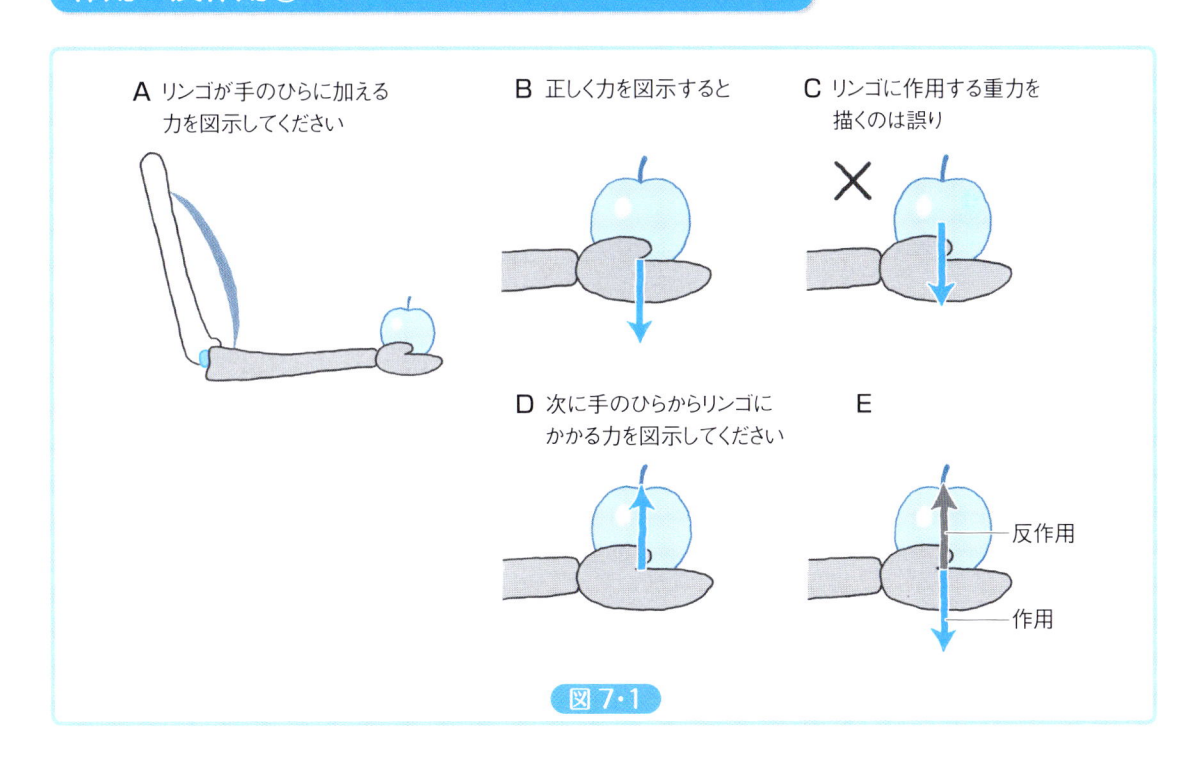

A リンゴが手のひらに加える力を図示してください

B 正しく力を図示すると

C リンゴに作用する重力を描くのは誤り

D 次に手のひらからリンゴにかかる力を図示してください

E 反作用／作用

図7・1

　手の上にリンゴをのせて支えているとします（図7・1A）．リンゴが手のひらに加える力を図示すると図7・1Bのようになります．手のひらにかかる力を考えるときに図7・1Cのように，リンゴに作用する重

力を描くのは誤りです．図7・1Cではリンゴの重心から矢印を描いていますから，これではリンゴに作用する重力になってしまいます．そうではなくて，手のひらにかかる力を描かなくてはなりません．力の矢印は，力がかかる場所を矢印の根元とするのが正解です．次に手のひらからリンゴにかかる力[*1]を図示すると図7・1Dのようになります．

リンゴが手に加える力と手がリンゴに加える力は理解できましたか．このような力の関係，一般的にいえば接触している2つの物体間で，aがbに加える力と，bがaに加える力を次の練習問題で確認してみましょう．

[*1] 手のひらでリンゴをもち上げる力が弱いと，リンゴは落ちていきます．リンゴが静止状態にあるということは，手のひらからも，リンゴに作用する重力と同じ力で，重力の方向と反対向きに力を加えているからです．

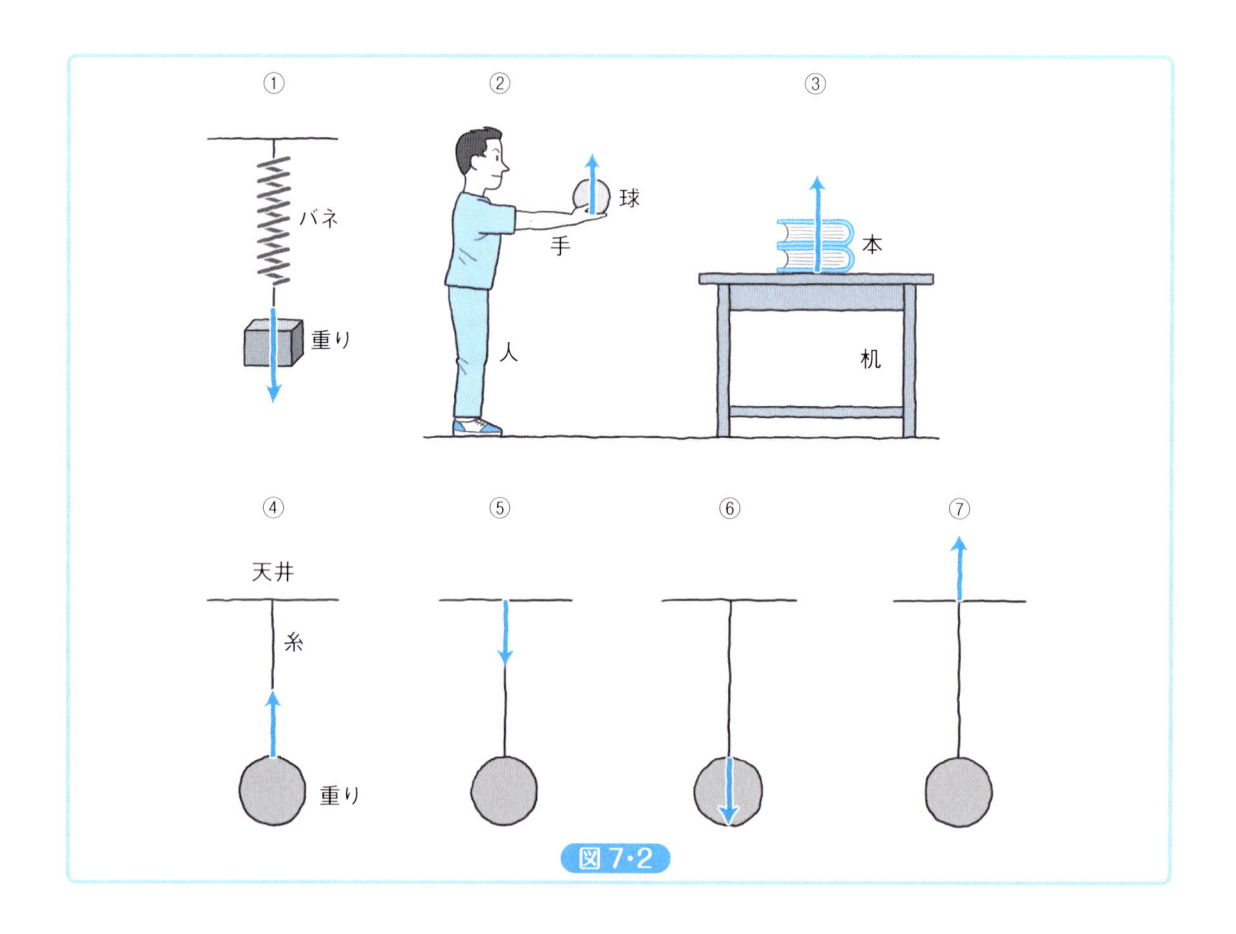

図7・2

図7・2のそれぞれの矢印は何が何に加える力でしょうか．

①重りがバネに加える力　②手が球に加える力　③机が本に加える力
④糸が重りを引く力　　　⑤糸が天井を引く力
⑥重りが糸を引く力　　　⑦天井が糸を引く力

が正解です．

さて最初のリンゴをもつ図に戻って考えましょう．リンゴが手に加える力と手がリンゴに加える力，2つの力を一緒に図示すると**図7・1E**のようになります．この2つの力は大きさが等しく，向きは正反対です．このような力のことを，作用・反作用と呼びます．作用・反作用とは，2つの物体 a と b が引き合い，押し合いしている場合に，a から b に作用している力を「作用」と呼び，b から a に作用している力を「反作用」と呼びます．あるいは逆に b から a に作用している力を「作用」と呼んだ場合は，a から b に作用している力を「反作用」と呼びます．

作用・反作用②

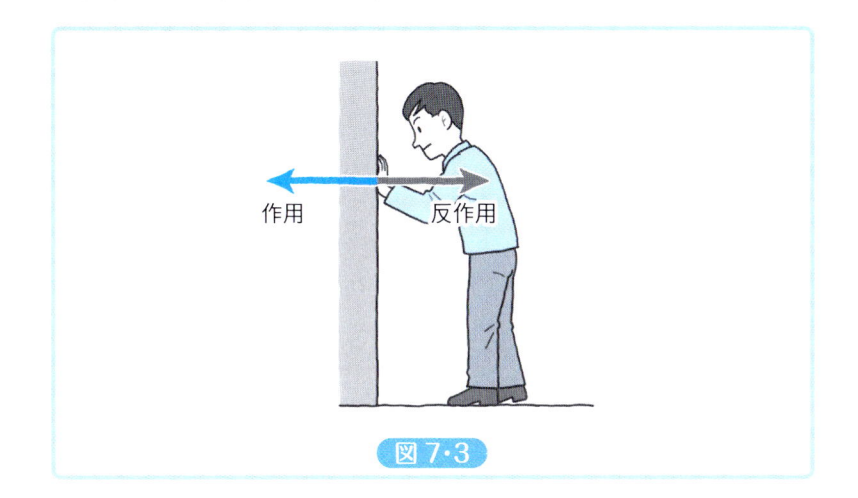

図7・3

▶ 相撲の組み合いで，一方が押せば，相手からも押し返される，作用・反作用の例です（☞0講参照）．

別の例で作用・反作用を考えてみましょう．a くんが壁を押しています（**図7・3**）．そうすると，壁は a くんを同じ力で正反対の方向に押し返します．これが作用・反作用です．もし a くんが台車の上に立っているとすると，壁を押すと同時に，壁に押し返されたように自分が後ろに動いてしまうことが想像できると思います．a くんが壁を押す力を作用と考えれば，壁が a くんを押す力は反作用です．もし壁が a くんを押す力を作用と考えれば a くんが壁を押す力は反作用です．

作用と反作用を考える場合は，各々着目している物体が異なることに注意してください．つまりあるときは壁が押される力を考えますし，あるときは a くんが押されている力を考えるということです．

作用・反作用③

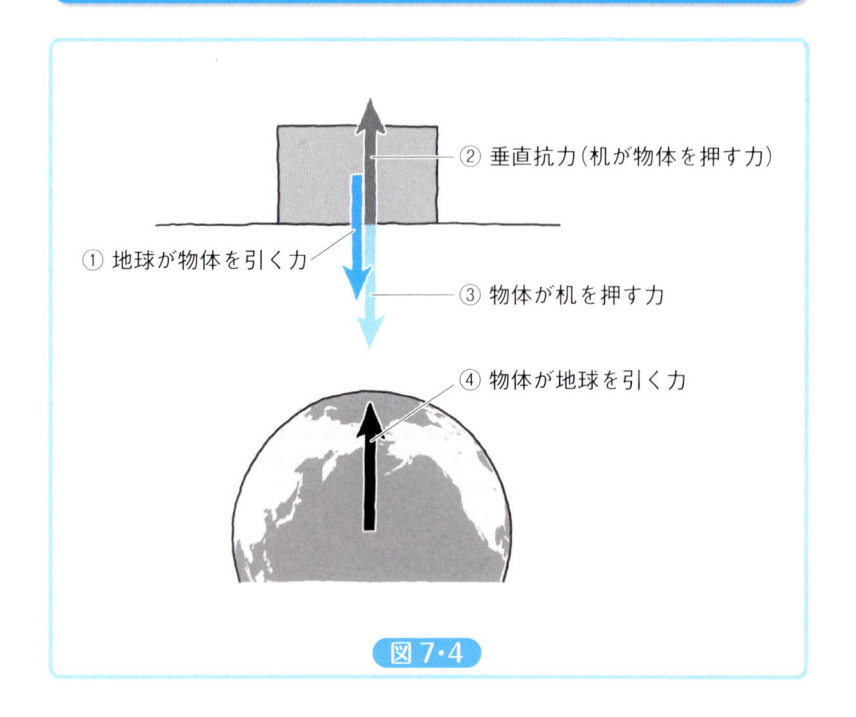

図7・4

① 地球が物体を引く力
② 垂直抗力（机が物体を押す力）
③ 物体が机を押す力
④ 物体が地球を引く力

　机の上に1kgの物体があるとします．この物体に作用する力を図示すると図7・4のようになります．1つは物体にかかる重力①，2つめは机からの力，つまり机が物体を押す力②です．この2つが物体に働く力です．しかし，この2つは作用・反作用の関係ではありません．重力①は地球が物体を引く力ですので，その反作用は物体が地球を引く力④です．机が物体を押す力②の反作用はというと，物体が机を押す力③となります．①と④，②と③がそれぞれ作用・反作用の関係となります[*2]．実際の①，②，③は正確に同じ線に沿っていますが，図ではわかりやすいように少しずらして描いてあります．

　1講で学習したように，1つの物体に，大きさが同じで向きが正反対の力が同時に加われば互いに打ち消し合ってしまいます．①と②は打ち消し合ってしまうので力が作用していないのと同じになって，物体が動くことはありません．

　ここで覚えてほしいことがあります．②の床からの力は床に垂直[*3]な力です．このような力を垂直抗力といいます．これに対して，重力はいつも真下を向いています．物理学では真下のことを「鉛直（えんちょく）」といいます．鉛直とは，鉛の玉を糸につけて下げたときに向く方向という意味です．床面が水平な場合は鉛直と垂直の方向は一致しますが，床面が斜めの場合にはこの2つの方向は違ってきます．

[*2] 作用と反作用を足してはいけません．作用と反作用は同じ物体に作用している力ではなく，別々の物体に作用しているからです．

[*3] 数学的には直線や面に直角であることを垂直と表現します．

力の分解①

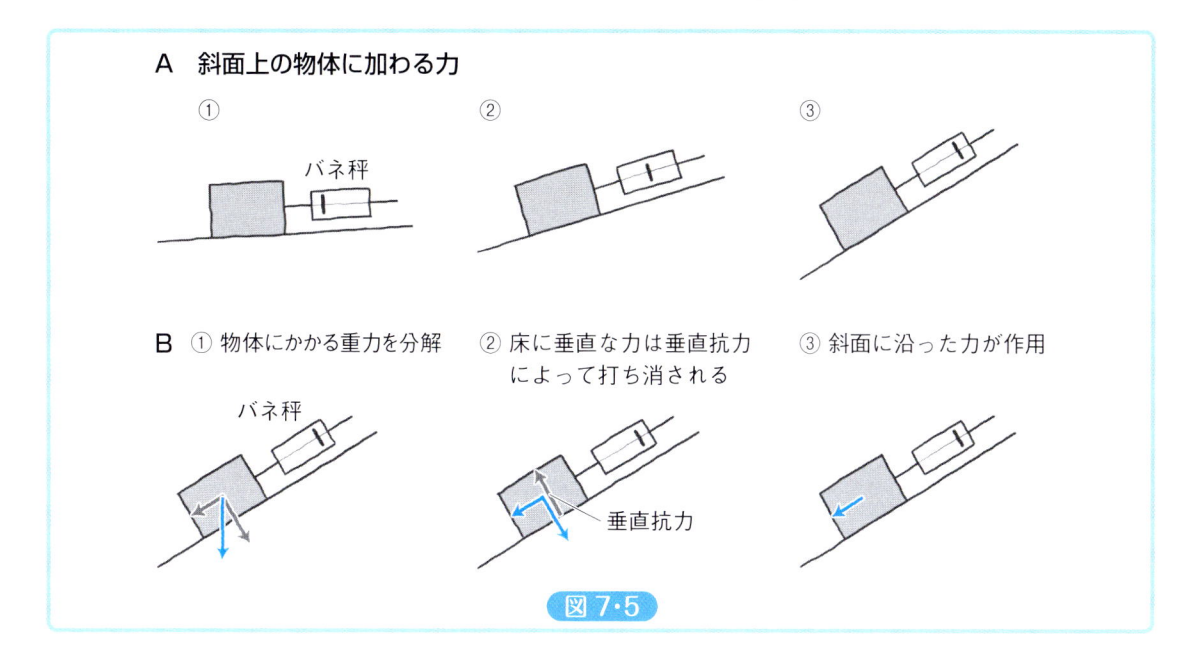

A 斜面上の物体に加わる力

① ② ③ （バネ秤）

B
① 物体にかかる重力を分解　② 床に垂直な力は垂直抗力によって打ち消される　③ 斜面に沿った力が作用

（バネ秤／垂直抗力）

図7・5

　次に水平でない床面に置いてある物体を考えてみましょう．まず，物体と床の表面はつるつるで摩擦がない[*4]ものとします．床を図7・5Aのように傾けた場合に何もしなければ，物体は左のほうにすべっていってしまうでしょう．いったい何が起きているのでしょうか．

　この物体が落ちないように，バネ秤をつないでみると，バネ秤が伸ばされて斜面に沿った力の大きさを読み取ることができます．斜面の角度を増すと，バネ秤の読みは大きくなります（図7・5A②）．斜面の角度をさらに増すと，バネ秤の読みはさらに大きくなります（図7・5A③）．このように斜面の角度が増すと，斜面に沿った方向の力が増すことがわかります．

　重力は鉛直方向に作用するのに，このとき何が起きているのでしょうか．これは次のように考えることができます．図7・5Bのように重力は鉛直方向に作用しますが，これを斜面に沿った力と，斜面に垂直な力の2つの力に分解[*5]して考えるのです．これを力の分解といいます．分解する場合には，もとの力が長方形の対角線になるように2つの力に分解します．すなわち，分解された2つの力は必ず互いに直角になります．2つの力を合成すれば，1講で学習したように合成した力は対角線になりますから，もともとの重力と，分解した2つの力は同じ作用を物体に与えることになります．

　2つに分解した力のうち，斜面に垂直な力を考えると，この力と同じ大きさで向きが正反対の垂直抗力が床から物体に作用します．そうする

[*4] アイススケートを考えると，普通の床面より大変すべりやすいですね．このような状態を摩擦が小さいといいます．「摩擦がない」ということは，極限まですべりやすいという状態のことをいいます．

👉 介護用ベッドで背上げをすると，上半身の重力が背もたれに垂直な力と背もたれに沿った力に分解されます．背もたれに沿った力は腰を前にすべらせる作用をもつため，背上げをすると姿勢が崩れやすくなります．このことはリクライニング機構のついた車いすでも同様です．

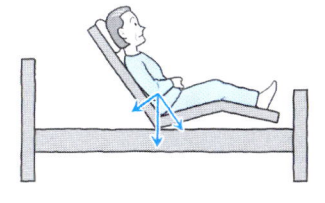

[*5] 1講での力の合成を思い出してください．力の分解は，力の合成の逆と考えるとわかりやすいです．ただし，力の分解の場合には，もとの力が長方形の対角線になるように2つの力に分解します．

と，重力を分解した力のうち斜面に垂直な力は打ち消されてしまいます（図 7・5B ②）．斜面に沿った力だけが残り（図 7・5B ③），この力がバネ秤をひっぱるのです．

　摩擦がない斜面を考えると，バネ秤でひっぱらないと物体は斜面からすべり落ちてしまいます．斜面の角度が急になるほど，斜面に沿った力は大きくなります．

👉 スキーでは，わずかな斜面でもすべり出します．これは，斜面方向の分力が発生するからです．

［写真提供：日本障害者スキー連盟］

👉 スプリントなどで指をもち上げる場合に，斜めに引くと，指の表面方向に分力が発生し，その方向にすべりやすくなって，ずれてしまうことがあります．

力の分解②

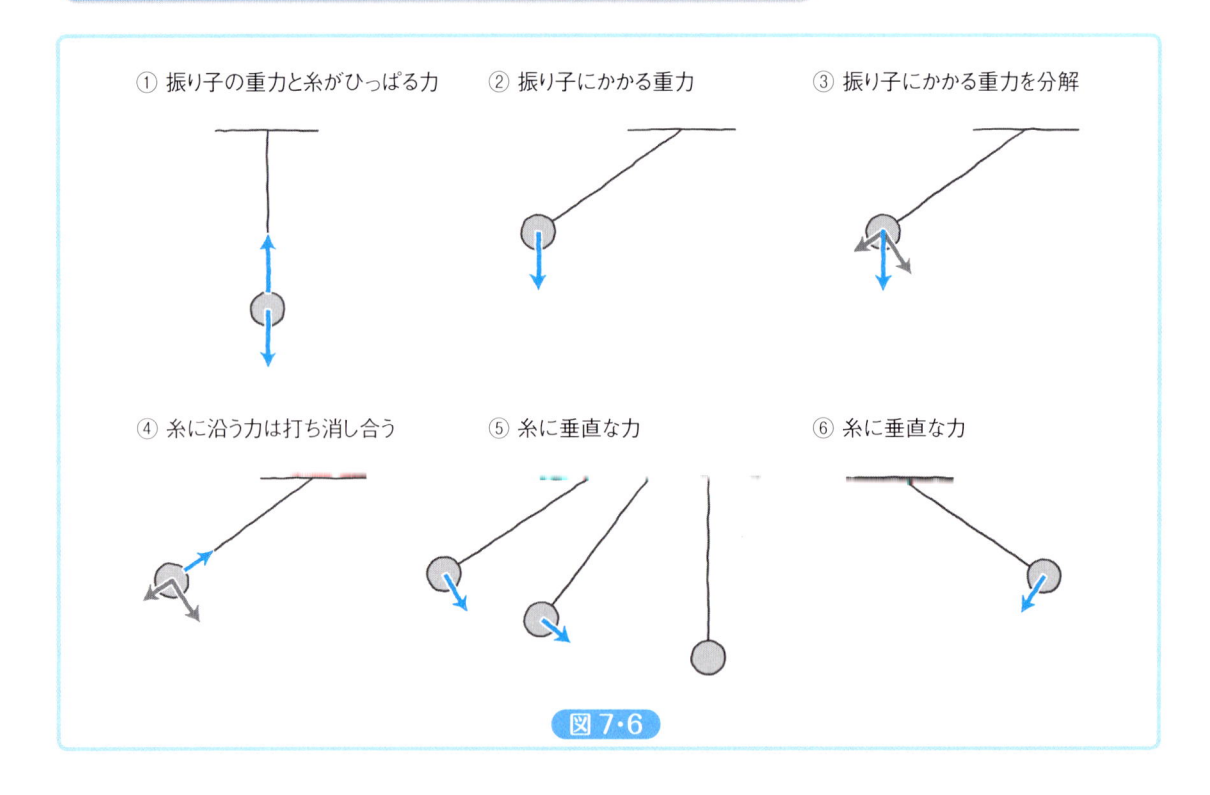

① 振り子の重力と糸がひっぱる力　② 振り子にかかる重力　③ 振り子にかかる重力を分解

④ 糸に沿う力は打ち消し合う　⑤ 糸に垂直な力　⑥ 糸に垂直な力

図 7・6

　天井から振り子がぶら下がって静止しています．この振り子には重力がかかっています（図 7・6 ①）．当然，重力の方向は「鉛直」です．同時に振り子は糸からひっぱられています．力の方向は糸の方向です．両者は互いに打ち消し合っているので，重りは動きません．この重りを指でつまみ，糸がたるまないように，図 7・6 ②のような状態にして指を離した瞬間に重力はどうなっているでしょうか．

👉 膝より上で切断した人が使用する大腿義足は，義足がもち上げられて，前方へ振られる遊脚相では，下腿部は振り子として働きます．

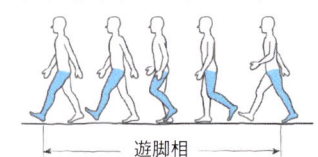

遊脚相

重力はつねに鉛直方向に作用します．これを図7・6③のように糸に沿った方向と，糸に垂直な方向に分解して考えます．分解の方法は，重力が長方形の対角線になるようにします．このとき重りは糸からひっぱられますが，その大きさは，重力を分解したうちの，糸に沿った方向の力と同じ大きさになります．重力を分解した（糸の方向に沿った）力と，糸がひっぱる力は互いに打ち消し合います．そうすると，糸に垂直な方向の力だけが残って重りを右のほうに振らせることになります（図7・6④）．このとき，糸の角度が鉛直から遠いほど，糸に垂直な力（図の矢印）は大きくなります（図7・6⑤）．糸が鉛直の場合は，糸に垂直な力はゼロになります．振り子が右方向に移動した場合は，糸に垂直な力は図のように先ほどとは逆に左向きになります（図7・6⑥）．

　どのような場合でも，振り子にかかる力は中心線（天井へ糸を固定した点からの鉛直線）を向くような向きになるのです．それによって振り子は右に振れたり左に振れたりするのです．

摩擦力

A　① 物体にかかる重力と垂直抗力　② 物体にかかる重力と床反力

B　① 床反力を分解　② 斜面が急な場合

摩擦力が大きくなる

C　物体を横から押せば摩擦力が生じる

床反力

摩擦力

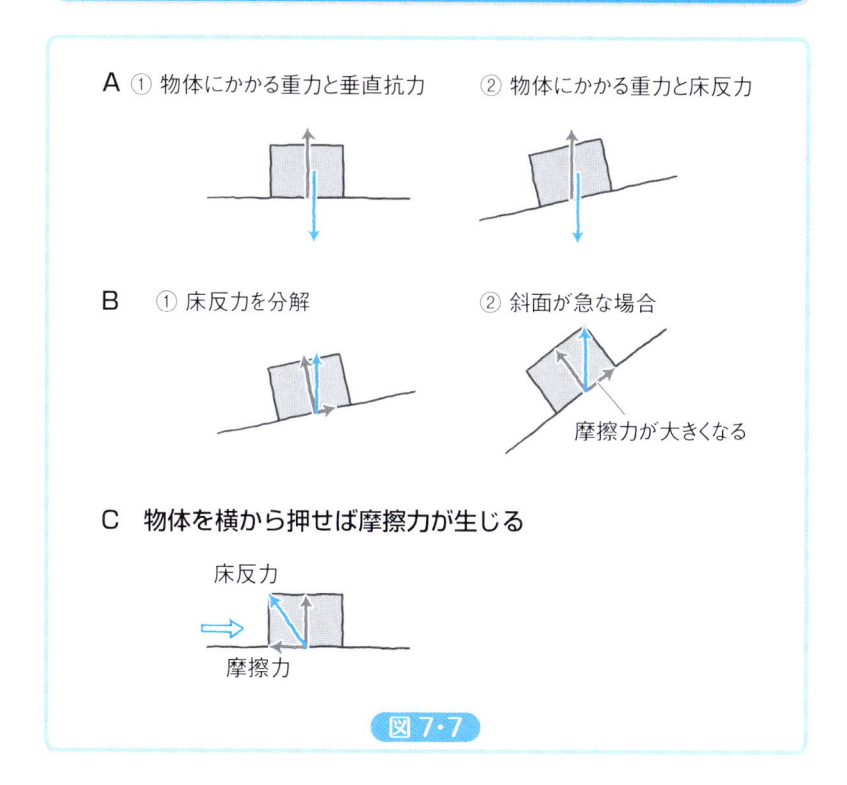

図 7・7

　今度は摩擦がある面について考えましょう．物体と床の面がざらざらしていて摩擦がある[*6]とします．物体が水平な床面に置かれています（図7・7A）．この場合には摩擦力（床に沿った力）は作用していません．

▶ベッドから車いすへ移乗する場合に，摩擦が少ない板などを利用すると，小さな力で移動することができます．

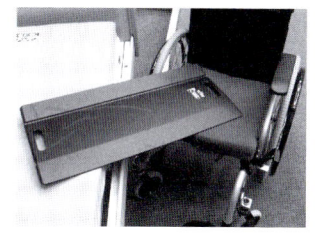

［金沢善智：地域リハビリテーション学テキスト．改訂第2版．p.186，南江堂，2012］

▶作業療法として用いられるサンディング作業です．手にもっているブロックと板の間の摩擦を利用して，筋力トレーニングなどを行います．

*6　摩擦がない状態をアイススケートの例で説明しました．摩擦が大きい状態は，しばしば，ゴムのような材料で説明されます．すべりにくい状態を摩擦が大きいと呼びます．摩擦の大きさは，接触する材料の組み合わせで変わります．

床が少し斜めになったとします．重力は鉛直なので，床に対しては斜めになります．床からの反力も鉛直になり，床に対して斜めになって重力の影響を打ち消します．したがって物体は動きません．床からの反力は床に垂直でないので，もはや垂直抗力とは呼べません．ここではこれを「床反力（ゆかはんりょく）」と呼ぶことにします．

床反力に注目して，これを床に沿った力と，床に垂直な力に分解しましょう（図7・7B）．

このとき，床に沿った力を摩擦力と呼びます．床の傾斜をきつくすると，床に沿った力である摩擦力はだんだん大きくなります．逆に床に垂直な力はだんだん小さくなります．いずれにしても，重力は打ち消されて，物体は動きません．しかし，あまりに斜面が急になると，それ以上は摩擦力が大きくなれない限界に達します．その限界の摩擦力の大きさを最大静止摩擦力といいます．この値は物体の重さと，物体と床面の材質や乾燥度合い[*7]などによって決まります．

斜面の角度が限界に達すると物体は動き出します．床が水平でも，この物体を横から押せば床反力は斜めになります（図7・7C）．摩擦力が生じるからです．摩擦力が，外から押す力を打ち消せば，物体は動きません．最大静止摩擦力よりも大きな力で物体を押せば[*8]，物体は動き出します．

👉 ビンの蓋がかたく，手で回して開けようとしてもすべるときには，摩擦の大きな自助具などを使うことで（または輪ゴムを蓋に巻く），小さな力で回すことができるようになります．

[*7] 機械などでは，物体や軸をすべりやすくするために，油を差したりします．これを潤滑油と呼ぶこともあります．自転車などに油をさすと，軽く走ることができるのは，潤滑油によって摩擦が小さくなるからです．

[*8] 最大静止摩擦力よりも小さな力で物体を押しているときは，摩擦力もその力と同じ力となり，つり合うので動き出すことはありません．

練習問題

問題① 人間がひもに加えている力を矢印で示しなさい．

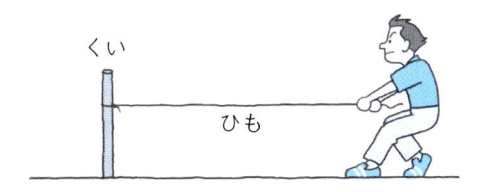

問題② 2kgの鋼球に加わる重力を矢印で示しなさい．

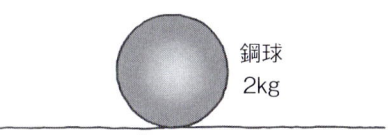

問題③ 摩擦がある斜めの床面に物体がのっています．このときの床反力，床反力のうちの床に垂直な力，摩擦力を矢印で示しなさい．

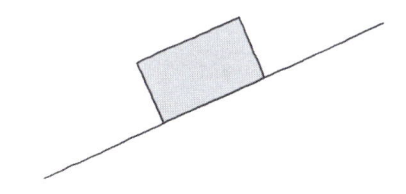

7講のまとめ

- 作用・反作用は，aがbに加える力とbがaに加える力の関係である
- 作用・反作用は大きさが同じで逆向きである
- 作用と反作用を足し算してはいけない
- 力は互いに直角な2つの力に分解できる
- 斜面の上の物体に加わる重力は，斜面に垂直な力と斜面に沿った力に分解できる
- 斜面に沿った力を摩擦力という

8講 物体の位置と座標系

学習の目標
1. なぜ座標系が必要かを説明できる
2. 物体の位置を座標の値で説明できる
3. 物体の位置の変化をグラフで表現できる

座標軸の考え方

みなさんは，これから物理学の知識を人間の身体運動を理解するために活用していきます．ここでは人間の身体を物体として扱います．この講義では物体の位置を表す方法について学びます．とくに物体の位置が時間とともにどう変わるかを表示する方法を学びます．物体の位置を表すのに座標系という考え方をすると，理解しやすくなります．

👉 地球上の位置を示す緯度と経度は座標軸と同じ考え方です．緯度については原点を赤道として南北にそれぞれ90°，経度は原点をイギリスのグリニッジ天文台を通る子午線として東西へそれぞれ180°で表しています．

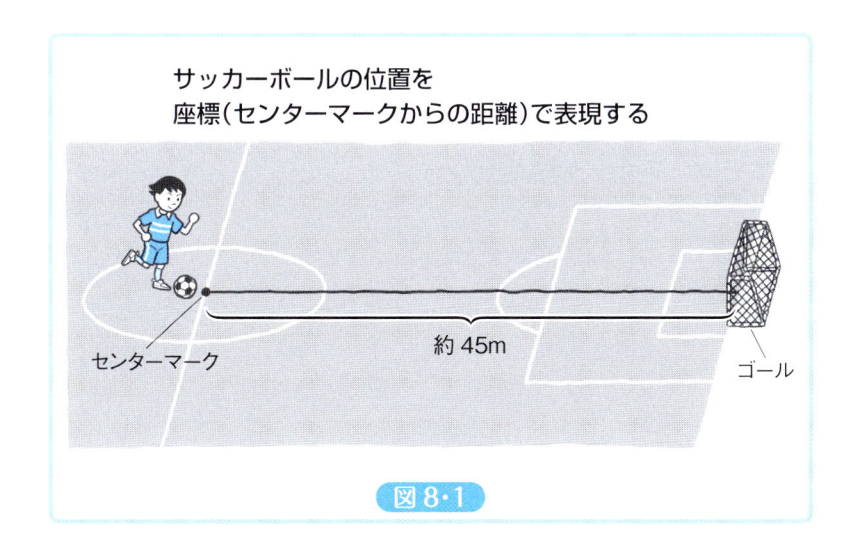

サッカーボールの位置を座標（センターマークからの距離）で表現する

センターマーク — 約45m — ゴール

図 8・1

ここではまず，サッカーのボールに着目して，物体の位置を座標で表す方法について説明します（**図 8・1**）．

試合開始にあたって，このセンターマークから一直線にドリブルでゴールめがけて攻め込んだとします．このとき，ボールの位置を表現するのに，センターマークからゴールの中央まで直線を引き，センターマークからの距離で表現するとわかりやすくなります．

このような用途で引いた直線を座標軸といいます．座標軸は X 軸，Y 軸，Z 軸などという名称で呼ばれることが多いですが，ここではこの直線を Y 軸と呼ぶことにします．

ボールの位置を座標軸で表す

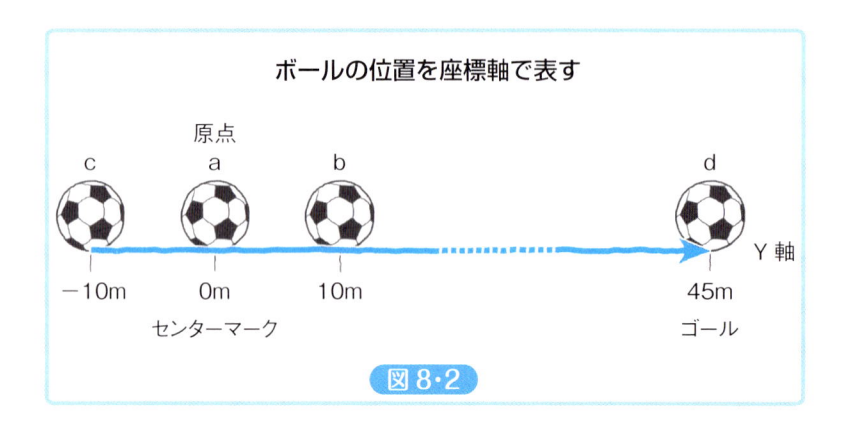

図 8・2

図 8・2 の a 地点ではボールが原点にあるので，ボールの位置は Y = 0 m [1] と表現できます．図 8・2 の b 地点では，ボールはセンターマークからゴール方向に 10 m の場所にあります．このときのボールの位置は Y = 10 m と表現できます．図 8・2 の c 地点のボールはゴールと反対方向に 10 m の位置にあります．このときのボールの位置は Y = −10 m（マイナス 10 m）です．このように座標軸上の位置は，軸のある方向をプラスとすると反対方向の位置はマイナスで表されます．

[1] この場合の m は長さの単位であるメートルを表しています．

練習 それでは，図 8・2 の d 地点のときボールの位置はどのように表されるでしょう．

答え：Y = 45 m

このように考えると，この Y 軸は数学で学習した "数直線" と同じものであることがわかります．

☞ TUG（Timed Up and Go）は高齢者などの移動能力を検査する方法です．図のようにいすから立ち上がって 3 m のところまで歩行し，ターンして帰ってきて，いすに座ります．これに必要な時間で評価します．いすを原点とすると，回転するところの座標は 3 m となります．

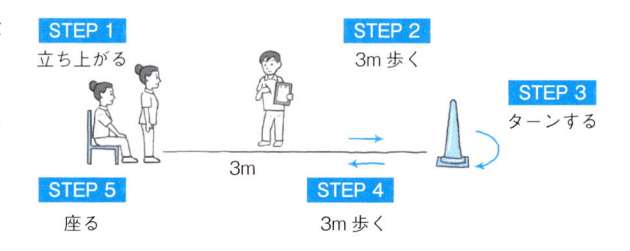

STEP 1 立ち上がる
STEP 2 3m 歩く
STEP 3 ターンする
STEP 4 3m 歩く
STEP 5 座る

2次元座標系

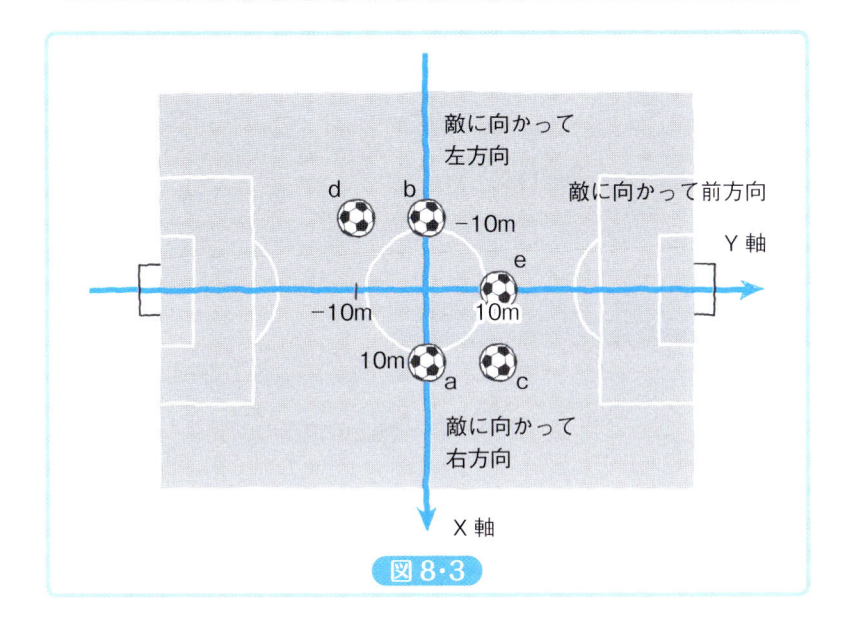

図8・3

ここまでは,ボールをゴールに向かって一直線に転がすことだけを考えたのですが,これからはボールを自由な位置において,そのときのボールの位置を表現することを考えましょう.Y軸は敵陣に向かって前後方向の位置を表していましたが,それだけでは不十分なので,敵陣に向かって左右方向を表すX軸を図のように設定します.敵陣に向かって立つと,図8・3のようにX軸は右方向を指しています.X軸は右方向を指しているので,先ほどと同じように左方向の位置はマイナスで表されます[*2].

ボールがaの位置にあるとすると,X = 10 mと表現できます.ただし,この答えでは左右方向の位置しか示していないので,前後方向も合わせて表現すると,X = 10 m,Y = 0 mとなります.

*2 中学の数学で習ったXとYで表される平面を表す式とグラフを思い出してください.

練習 bのボールの位置はどのように表せますか?

答え:X = −10 m,Y = 0 m

練習 cのボールの位置は?

答え:X = 10 m,Y = 10 m

練習 dのボールの位置は?

答え:X = −10 m,Y = −10 m

練習 eのボールの位置は？

答え：X＝0 m，Y＝10 m

このようなX軸，Y軸をあわせて座標系といいます．X軸とY軸の2本の座標軸をもつので2次元の座標系です．グラウンド上のボールのように，平面上の物体の位置は2つの軸をもつ2次元座標系で示すことができます．

物体の移動をグラフで表示する

A　ボールがY軸に沿って転がる

B　ボールのY軸上の位置のグラフ

C　ボールのX軸上の位置のグラフ

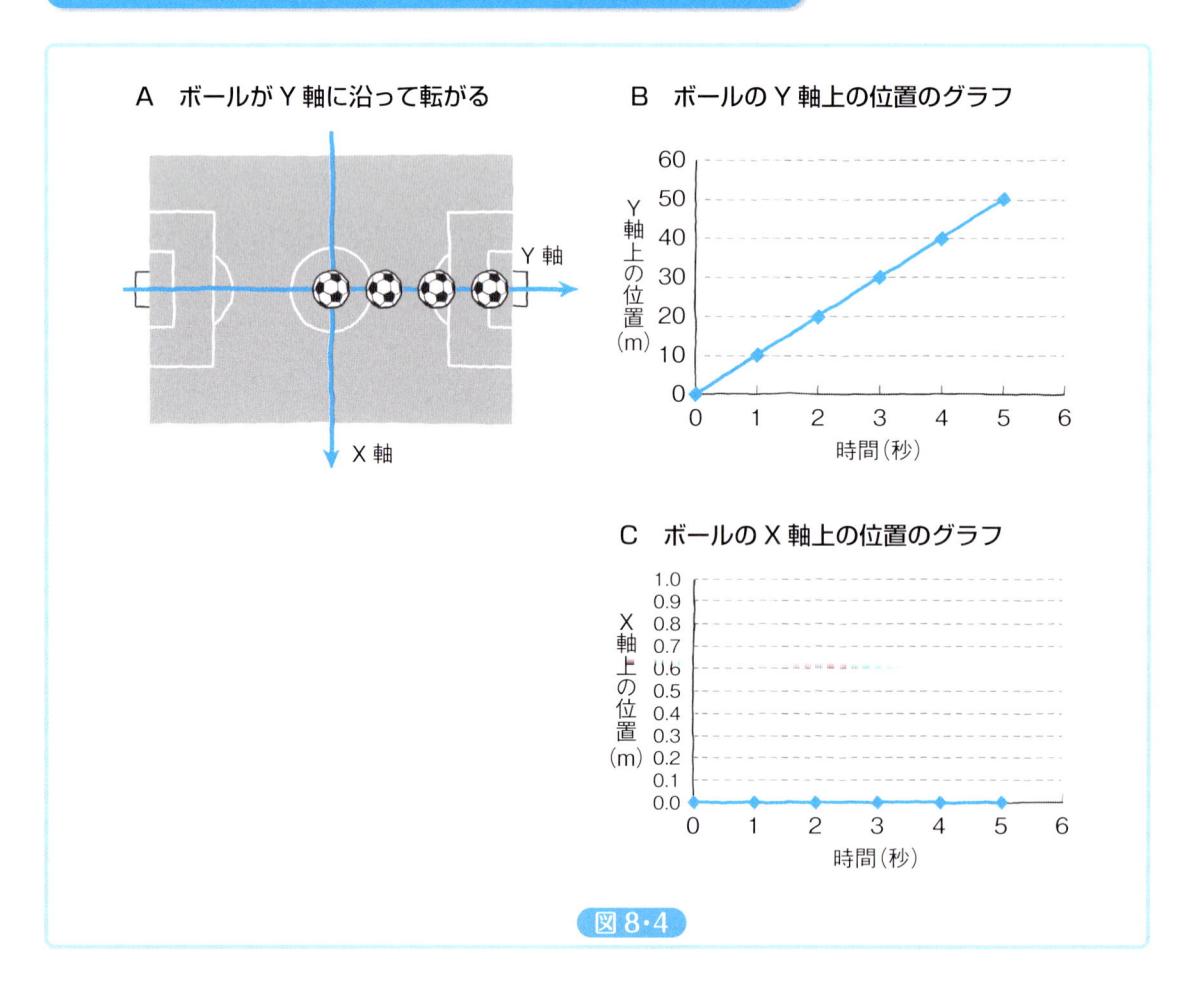

図8・4

図8・4Aのようにセンターマークに置かれたボールを選手がキックして，敵陣に向かってY軸に沿って1秒間に10 mの速度[※3]で転がっていくものとします．この様子をグラフで表現してみましょう．

グラフでは横軸に時間をとって，縦軸にボールの位置（Y軸の値）を描きます．キックした瞬間の時刻を0秒とすれば，その時点でボールのY軸上の位置はY＝0 mです．1秒後にY＝10 m，2秒後にY＝

※3　速度とは1秒間に何m移動するかで定義されます．ここでは，Y方向への速度は10 m/秒であるといいます．

20 m となる*⁴ ので，それらの点を線で結べばグラフは**図 8・4B** のように描けます．

グラフでは，5 秒後に Y = 50 m となるように描いてあります．ここではゴールがセンターマークから 45 m としてありますので，ゴールを突き破って転がることになってしまいますが，ここは物理の練習問題なので見逃してください．

グラウンドは 2 次元の平面ですから，Y 軸上のボールの位置を示しただけでは片手落ちです．X 軸上の位置も示す必要があります．ボールは Y 軸の上を転がるので，時間が経っても X の値は 0 のままです．したがって X 軸上の位置を表すグラフは**図 8・4C** のようになります．

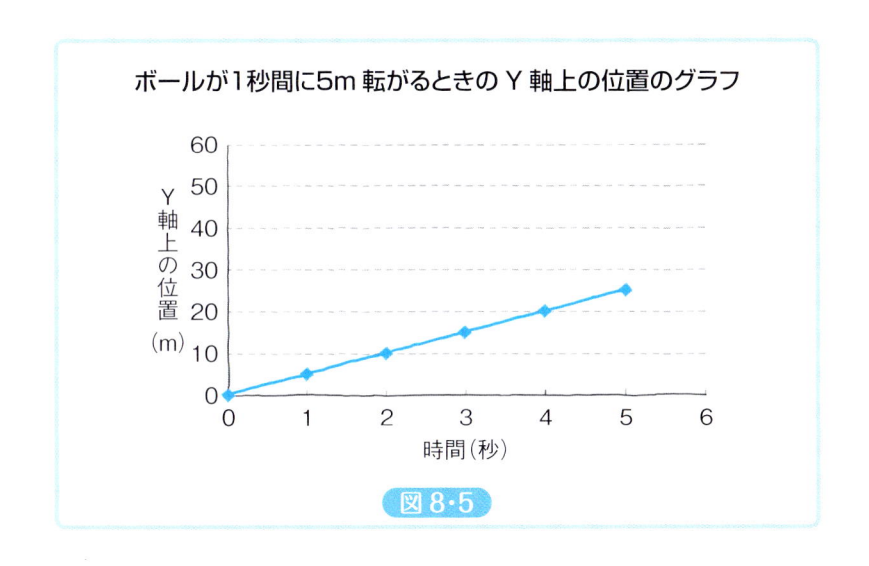

*⁴ これを「1 秒間に X 方向に 0 m, Y 方向に 10 m 変位した」，あるいは「1 秒間の X 方向変位は 0 m, Y 方向変位は 10 m」と表現することもあります．

ボールが1秒間に5m転がるときのY軸上の位置のグラフ

図 8・5

もしボールの速度がゆっくりで，Y 軸に沿って 1 秒間に 5 m 進む場合はどうでしょう．この場合のグラフは**図 8・5** のようになります．速度が小さいと，グラフの傾きが小さいことがわかります．X 軸についてはボールの位置はいつも 0 なので，ボールの速さが変わっても X 軸上の位置のグラフは**図 8・4C** と同じです．

ボールがY軸に平行に転がる
このときの様子をグラフで表しなさい

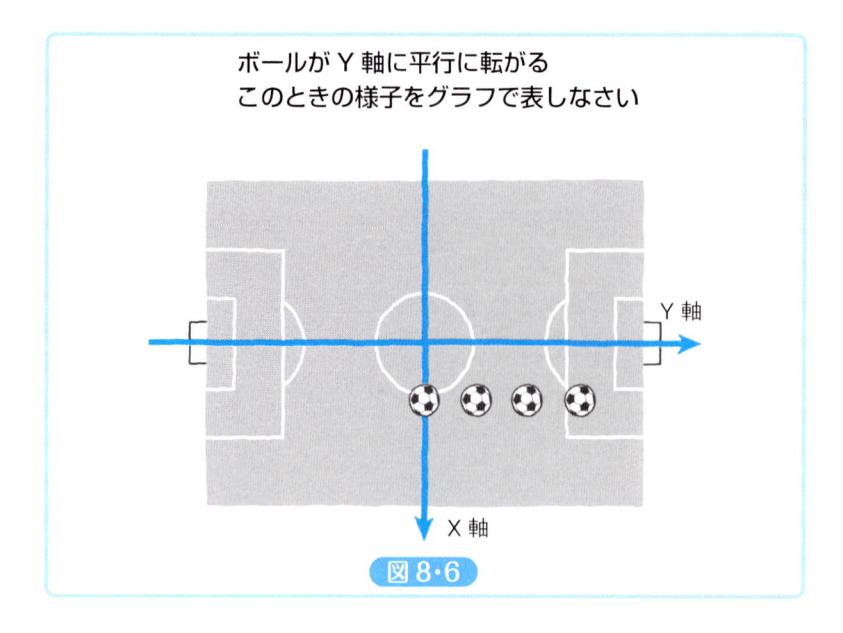

Y軸

X軸

図8・6

図8・6のように，センターマークの（敵陣に向かって）右10mの位置に置かれたボールを選手がキックして，敵陣に向かってY軸に平行に1秒間に10mの速度でボールが転がっていくものとします．この様子をグラフで表現してみましょう．

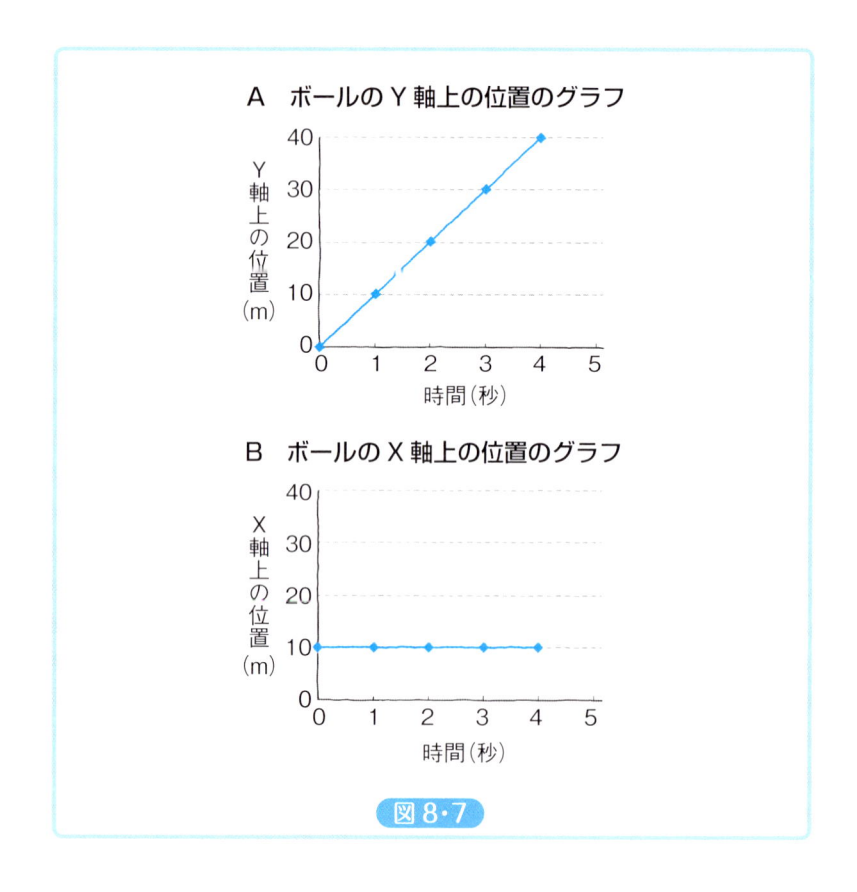

A　ボールのY軸上の位置のグラフ

B　ボールのX軸上の位置のグラフ

図8・7

前と同じに横軸に時間をとり，縦軸にボールの位置を示します．1つめのグラフは縦軸がY軸上の位置，2つめのグラフは縦軸がX軸上の位置です（**図8・7**）．

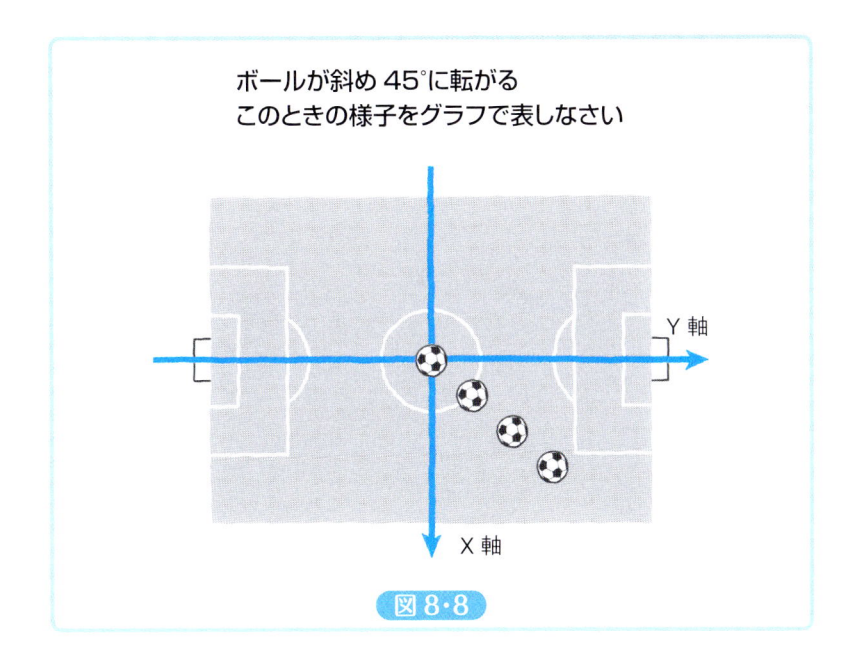

**ボールが斜め45°に転がる
このときの様子をグラフで表しなさい**

Y軸

X軸

図8・8

　今度はボールが斜めに転がる場合です．**図8・8**のように，センターマークに置かれたボールを選手がキックして，ボールが敵陣に向かってY軸から45°それた方向に転がっていきます．このときX軸，Y軸ともにボールが進む速度は1秒間に10 mとします[*5]．この様子をグラフで表現しましょう．先ほどと同じように2枚のグラフが描けるはずです（**図8・9**）．

[*5] ここでは「1秒間のX方向変位は10 m，Y方向変位は10 m」，「2秒間のX方向変位は20 m，Y方向変位は20 m」と表現できます．また，ボールの速度は，X方向に10 m/秒，Y方向にも10 m/秒であると表現されます．

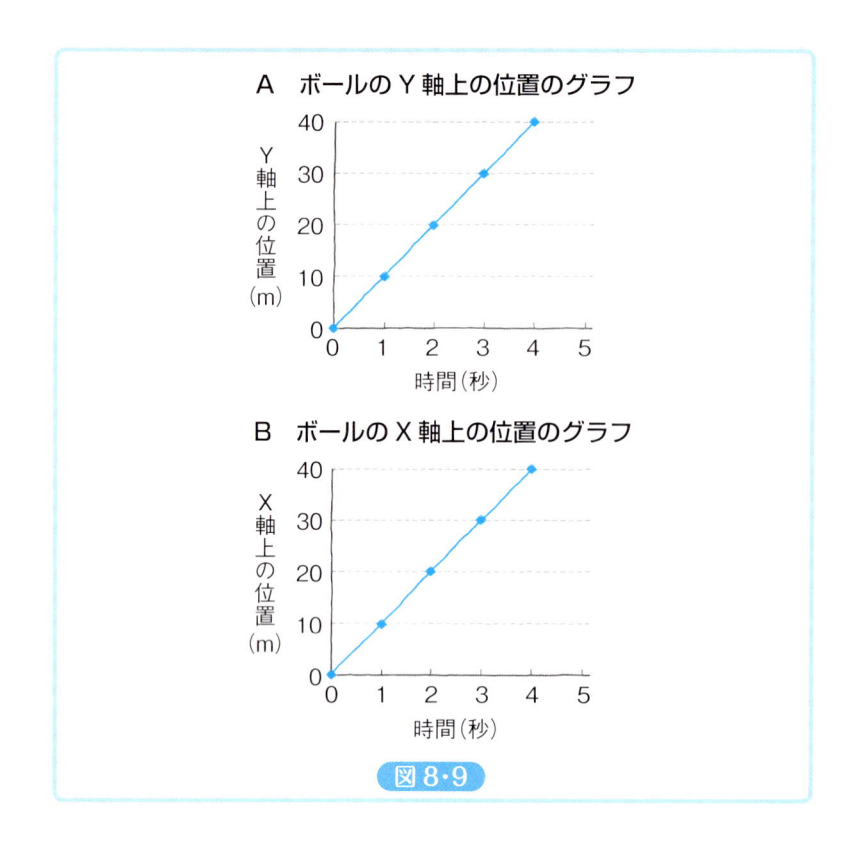

A　ボールのY軸上の位置のグラフ

B　ボールのX軸上の位置のグラフ

図8・9

3次元座標系

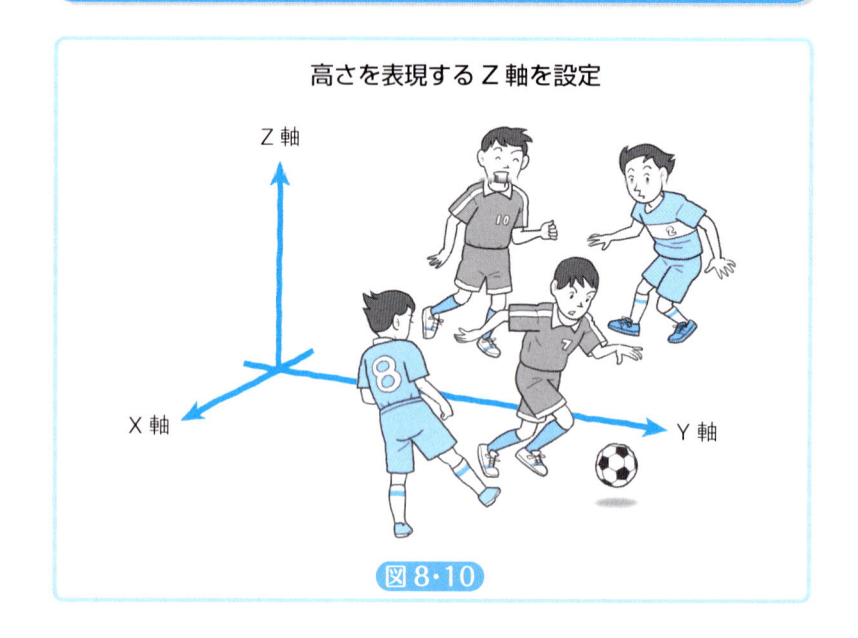

高さを表現するZ軸を設定

図8・10

　ここまでグラウンドの上にX軸とY軸の2つの座標軸を考えて,ボールの位置を表現してきました.

さらに，これにボールの高さを表現する Z 軸を図 8・10 のように設定してみましょう．これでボールの位置を 3 次元的に表現できることになります．このとき，X，Y，Z 軸はそれぞれ互いに直角になっていることに注意してください．軸どうしが直角なので互いに影響しあわずにそれぞれの軸上の位置で表すことができるのです[*6]．

　Z 軸の原点は地面で Z 軸は上を向いています．したがって空中にあるボールの Z 軸上の位置はつねにプラスとなります．もしボールが地中にもぐったら Z 軸上の位置がマイナスになりますが，サッカーのゲーム中に通常はそのようなことはありません．

*6　X と Y と Z で表されるものは立体になります．

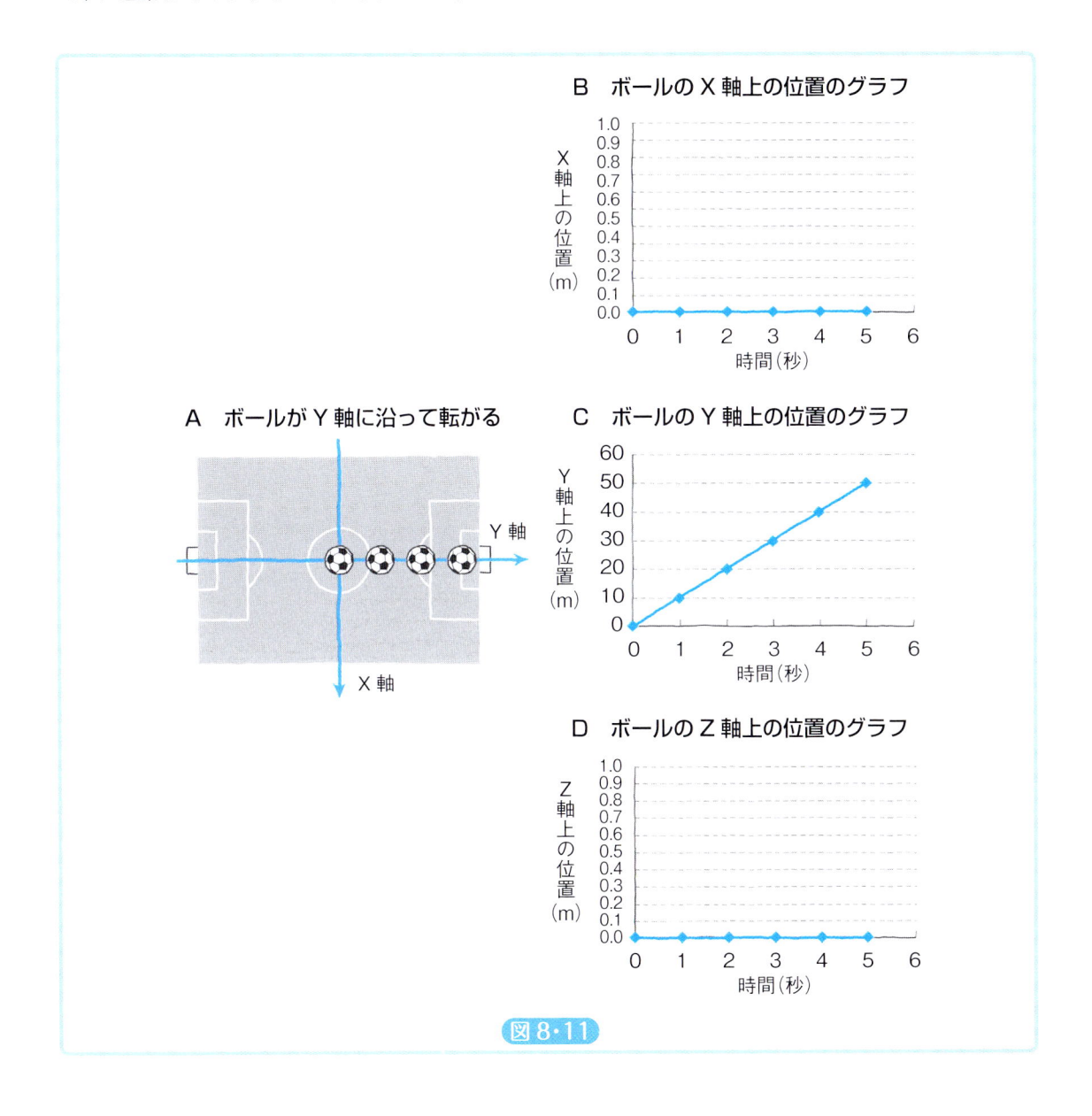

A　ボールが Y 軸に沿って転がる

B　ボールの X 軸上の位置のグラフ

C　ボールの Y 軸上の位置のグラフ

D　ボールの Z 軸上の位置のグラフ

図 8・11

ここでもう一度，練習問題をやってみましょう．図8・11Aのようにセンターマークに置かれたボールを選手がキックして，敵陣に向かってY軸に沿って1秒間に10mの速度でグラウンド上を転がっていくものとします．この様子をグラフで表現しましょう．

今までと同じに横軸に時間，縦軸に位置のグラフが描けますが，今度はX，Y，Z軸の座標を表すために3枚のグラフが必要です．X軸のグラフは図8・11B，Y軸のグラフは図8・11Cです．Z軸はボールの高さですから，このときはボールの高さはつねに0，すなわちZ＝0mとなり，グラフは図8・11Dのようになります．

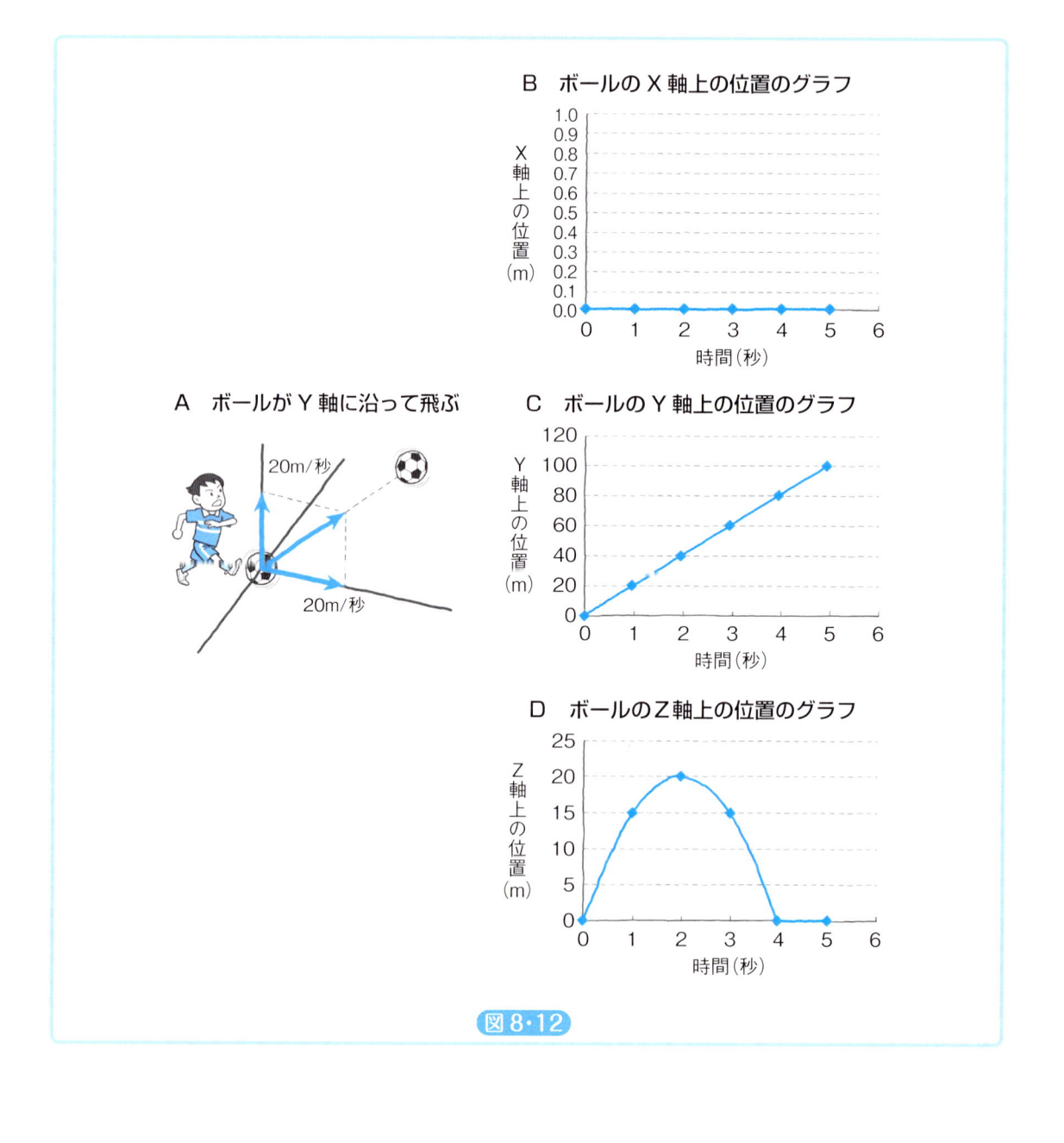

B ボールのX軸上の位置のグラフ

A ボールがY軸に沿って飛ぶ

C ボールのY軸上の位置のグラフ

D ボールのZ軸上の位置のグラフ

図8・12

今度はボールが転がるのではなく，センターマークに置いたボールを選手がキックして図8·12Aのようにゴールめがけて飛ばしたとしましょう．前方向に秒速20 m，上方向にも秒速20 mでキックしたとします．このときボールはゴールに向かって上方45°の角度に飛んでいきます．簡単にするために空気抵抗はなく，ボールの勢いは保たれたままとすると，前方向と左右方向については最初の速度がそのまま保たれます．しかし，高さ方向については重力の影響を受けるため，ボールの位置が変わってきます．ボールの高さは1秒後に約15 m，2秒後に20 mの最高点に達し，3秒後には約15 mになり，4秒後に地面上に落下します．落下後はバウンドせずにゴロで転がるものとします．この様子をX，Y，Z軸のグラフでそれぞれ表現してみましょう．

　ボールはY軸の方向に飛ぶので，時間が経ってもXの値は0のままです．したがってX軸上の位置を表すグラフは図8·12Bのようになります．

　キックした瞬間の時刻を0秒とすれば，その時点でボールのY軸上の位置はY = 0 mです．1秒後にY = 20 m，2秒後にY = 40 mとなるので，Y軸のグラフは図8·12Cのように描けます．

　Z軸については1秒後に約15 mの高さ，2秒後に20 mの最高点に達し，3秒後には約15 mの高さになり，4秒後に地上に落下します．落下後はバウンドせずにゴロで転がるとするとZ = 0 mになります．Z軸のグラフで表現すると図8·12Dのようになります．これらのグラフからボールが落下した地点がわかります．すなわち，Z = 0となるのが4秒後なので，そのときのXとYの座標をみると，X = 0 m，Y = 80 mです．このことから，ボールは原点からY軸上80 mの地点に落下することがわかります．

問題①

X＝－5 m，Y＝－45 m の位置にあるボールをゴールキーパーがキックして，Y軸と平行に1秒間に10 m の速度で転がっていくものとします．この様子を2枚のグラフで表現しなさい．

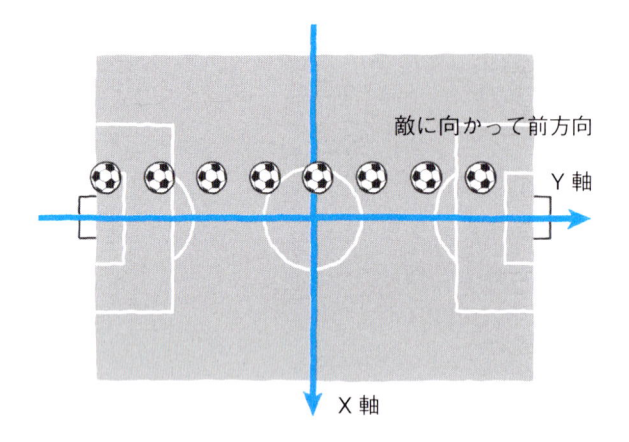

問題②

センターマークから後ろに20 m，右に10 m の位置からボールをキックして，ゴールめがけて飛ばしたとします．ボールの速度は，前方向へは1秒間に10 m，左方向に1秒間に2 m とします．ボールの高さは，1秒後に5 m，2秒後に着地してあとは転がっていきました．このときのボールの動きを3枚のグラフで示しなさい．

8講のまとめ

- 座標軸は原点と軸の方向を決める
- 平面上の位置は2次元座標系で表すことができる
- 空間上の位置は3次元座標系で表すことができる
- 物体の移動の様子はX軸，Y軸，Z軸上の位置の変化としてグラフで表すことができる

9講 物体の速度と座標系

学習の目標

1. 物体の速度について説明できる
2. 速度の成分について説明できる
3. 物体の速度の変化をグラフで表現できる

速度を矢印で表示する

前講では物体の位置に着目しましたが，この講では物体の動きの速さすなわち速度[*1]に着目します．

サッカーのボールの速度に着目して，物体の速度の意味と表現方法について説明します．

*1 臨床的には，患者さんの動く速度や，体の各部分の動く速度などの表現に使います．

図9・1

センターマーク

サッカーコート

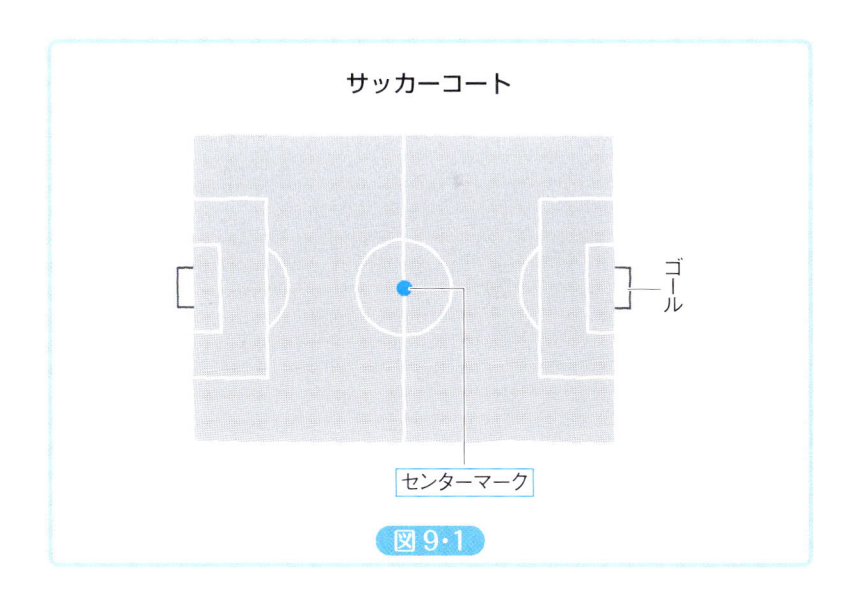

▶歩行能力の検査に10mの歩行速度を計測するという方法があります．測定開始時点を原点とすると，スタート地点の座標は−5m，測定終了地点は10m，ゴールは15mとなります．10mの歩行時間を計測して，分速や時速を計算します．

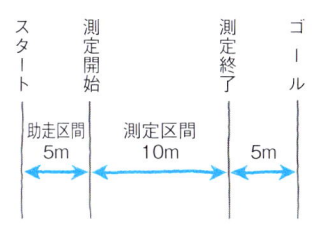

スタート｜測定開始｜測定終了｜ゴール

助走区間 5m ｜ 測定区間 10m ｜ 5m

試合開始にあたって，ボールをセンターサークルの中央すなわちセンターマークの上に置いたとします（図9・1）．

図9・2 X軸, Y軸の原点にボールをおく

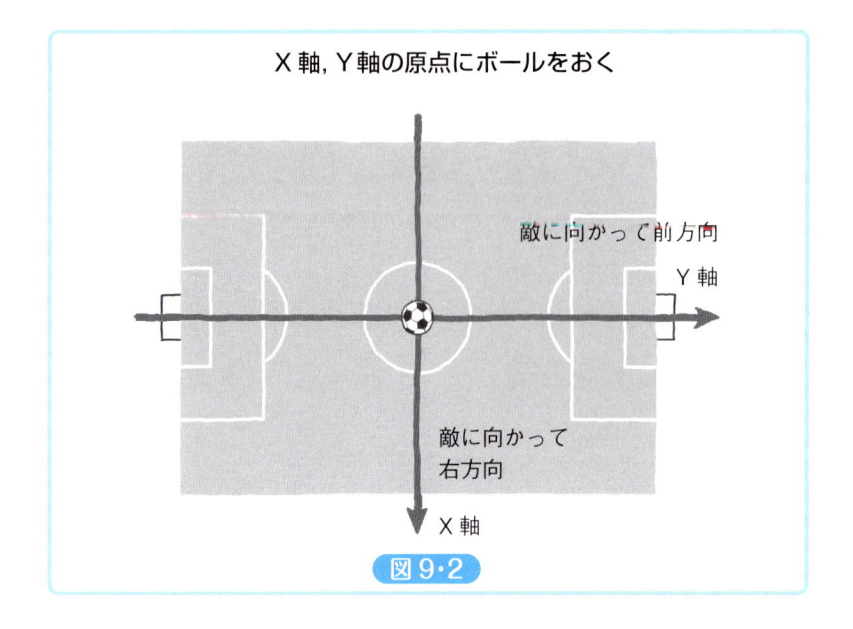

前講と同じにセンターマークの上をX軸, Y軸の原点とします（**図9・2**）．センターマークに置かれたボールを選手がキックして，敵陣に向かってY軸に沿って1秒間に10 mの速度で転がっていくものとします[*2]．つまりこのときのボールの速度は秒速10 mです．このとき「ボールのY軸方向の速度は秒速10 mである」と表現します．速度というのは1秒間に進む距離を矢印で表現したものと考えてください．

*2 前講と同様に，ボールが転がっていく速さは変化しないものとしています．

図9・3 ボールがY軸に沿って転がる

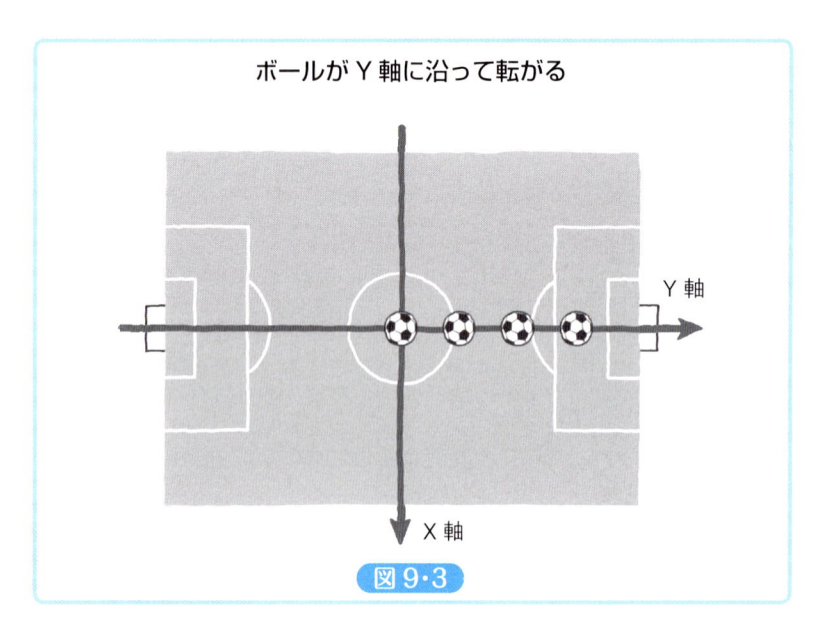

ボールが秒速10 mで進んでいく様子を矢印で表現してみましょう．図9・3に矢印を入れてください．

速度を矢印で表現する
（速度とは1秒間に進む距離を矢印で表現したもの）

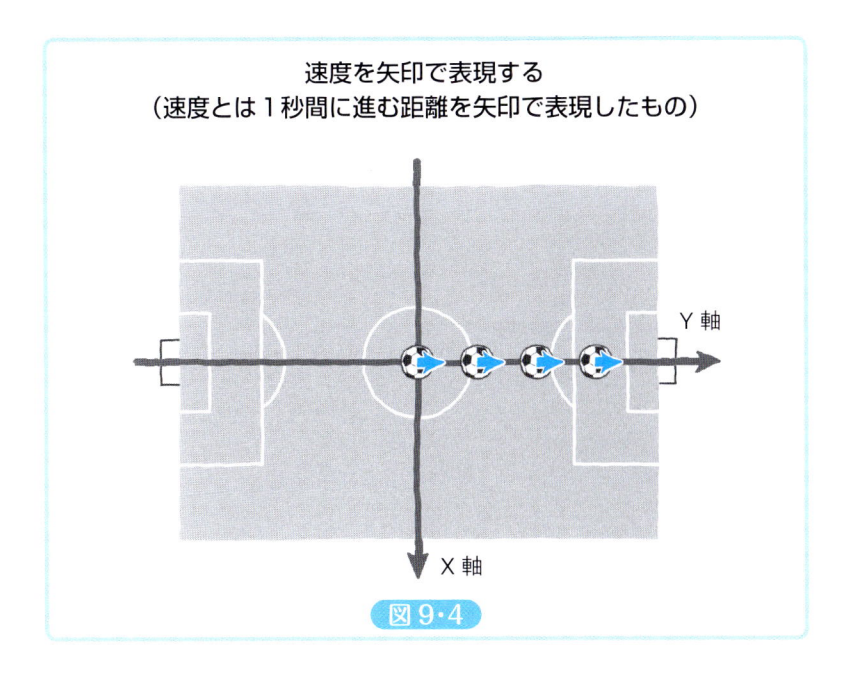

図9・4

　矢印は**図9・4**のように入れるとよいでしょう．このとき必ずしも矢印の長さを10 mにする必要はありません[*3]が，矢印の方向と大きさが常に同じである必要があります．

[*3] たとえば秒速10 mを10 mmで表すと決めれば，秒速15 mは15 mmで表されます．秒速10 mを5 mmで表すと決めれば，秒速15 mは7.5 mmで表されます．

速度を矢印で表してみよう

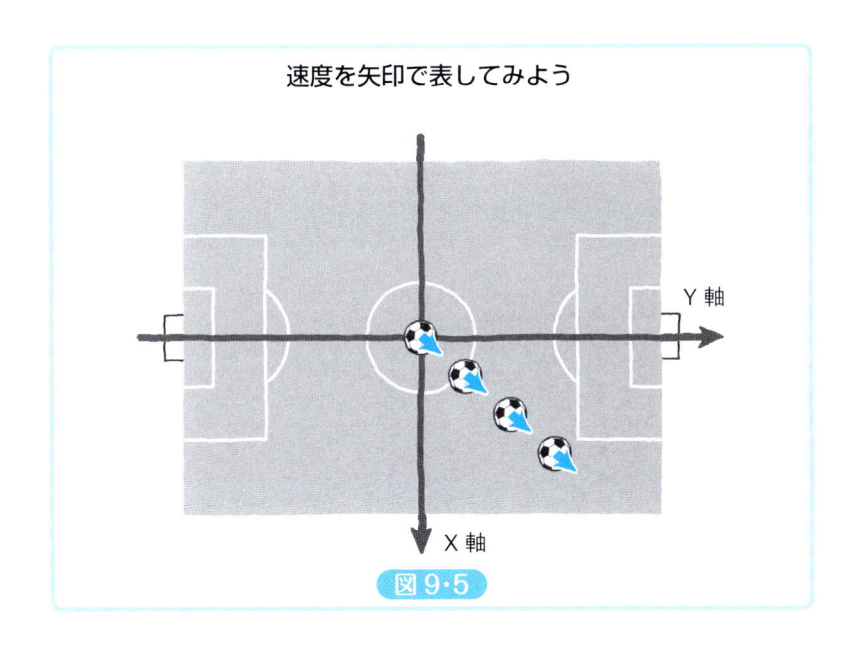

図9・5

　同じく味方が秒速10 mで斜めにボールをキックしたとします．矢印を入れると**図9・5**になります．

速度を矢印で表してみよう

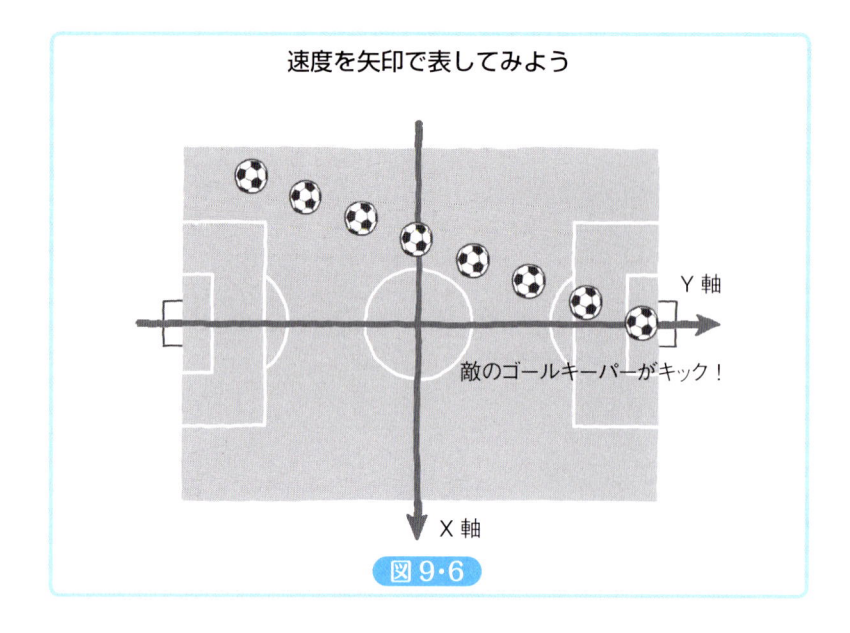

図9・6

　図9・6では，敵のゴールキーパーが秒速10mでボールをキックしました．このときの矢印を入れてください．

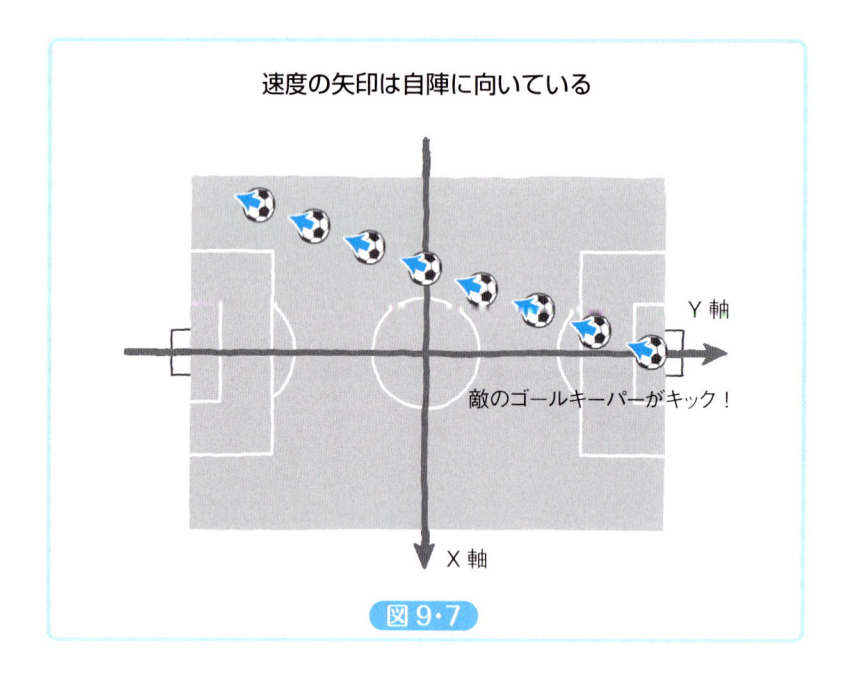

速度の矢印は自陣に向いている

図9・7

　今回はボールが進む方向が今までと逆なので，矢印は逆方向になります（図9・7）．このようにすると，グラウンド上のボールの動きが手にとるようにわかります．

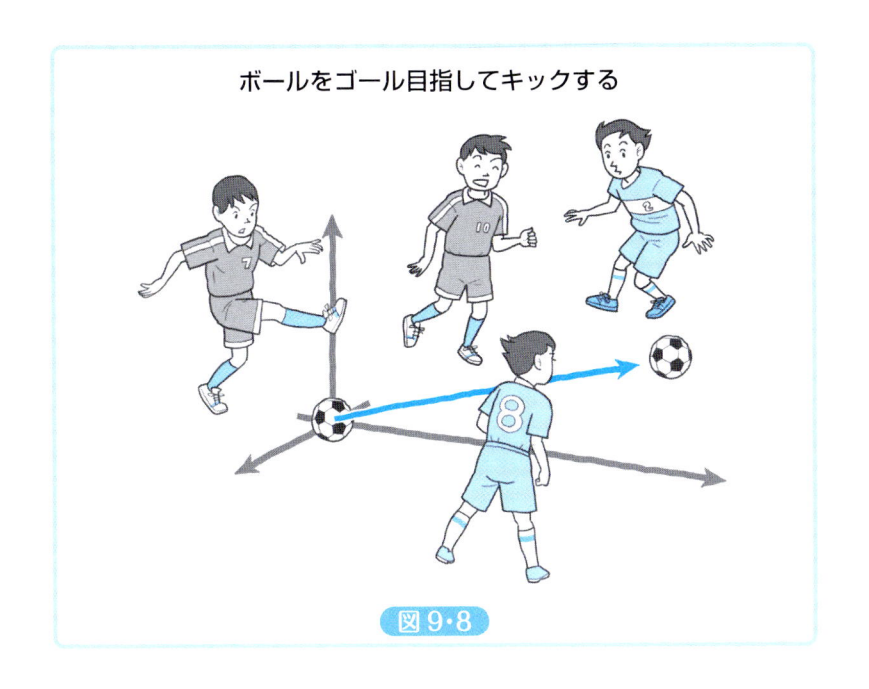

ボールをゴール目指してキックする

図9・8

　今度はボールが転がるのではなく，センターマークに置いたボールを選手がキックして図9・8のようにゴールめがけて飛ばしたとしましょう．前方向に秒速20 m，上方向には秒速10 mでキックしたとします．0.5秒後に約4 mの高さ，1秒後に5 mの最高点に達し，1.5秒後には約4 mの高さになり，2秒後にセンターマークから40 mの地点に落下します．簡単にするために空気抵抗はなく，ボールの勢いは保たれたままとします．また落下後はバウンドせずにゴロで転がるものとします．落下するまでのボールの位置をストロボ写真のように重ねて描いてみましょう．

9講

飛んでいくボールの位置

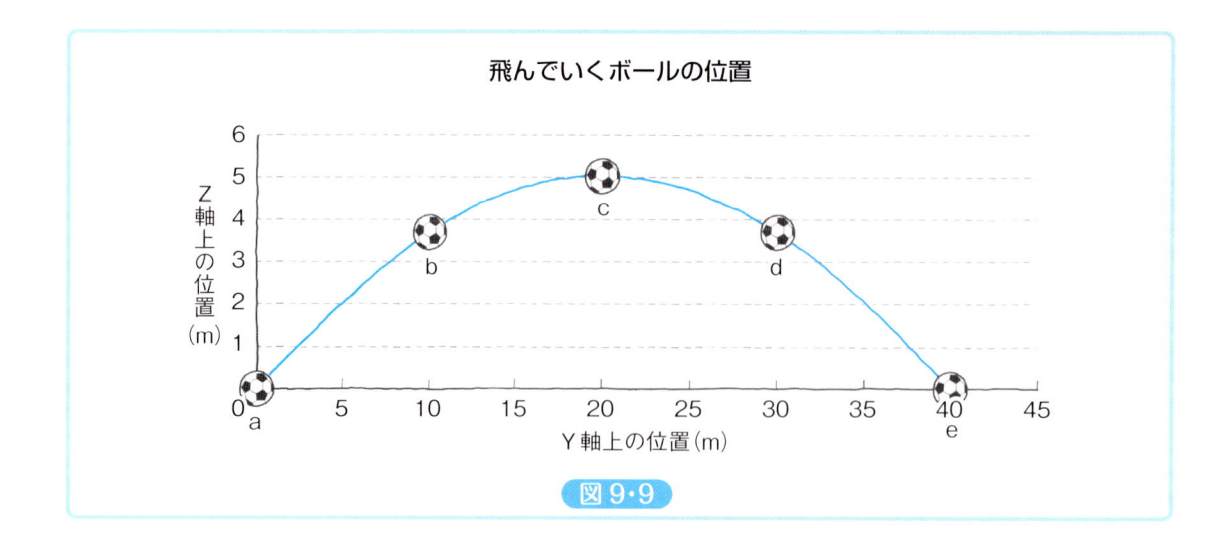

図9・9

図9・9[※1]のようになります．次はこの図に先ほどと同じように矢印を入れてみましょう．

※1 図に5個描かれているボールは，左から時刻0秒（キックした瞬間），0.5秒後，1.0秒後，1.5秒後，2秒後のボールの位置を進行方向（Y軸）と高さ（Z軸）の座標で示します．

飛んでいくボールの速度を矢印で表す

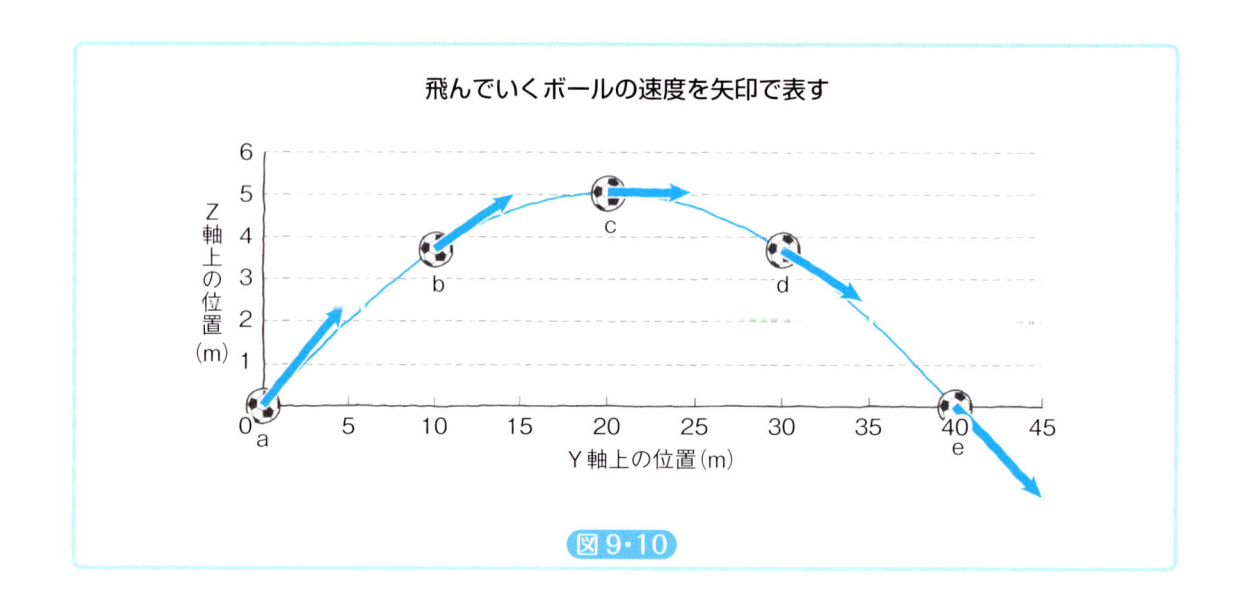

図9・10

図9・10のようになります．今度は今までと違って，それぞれの矢印の方向と大きさが違います．物を遠くに投げたとき，上に向かうにつれてゆっくりとなり，落ちてくるときには徐々に速くなっていることは経験から理解できると思います[※5]．

※5 2秒後のボールは地面に達する直前と考えます．

速度の成分

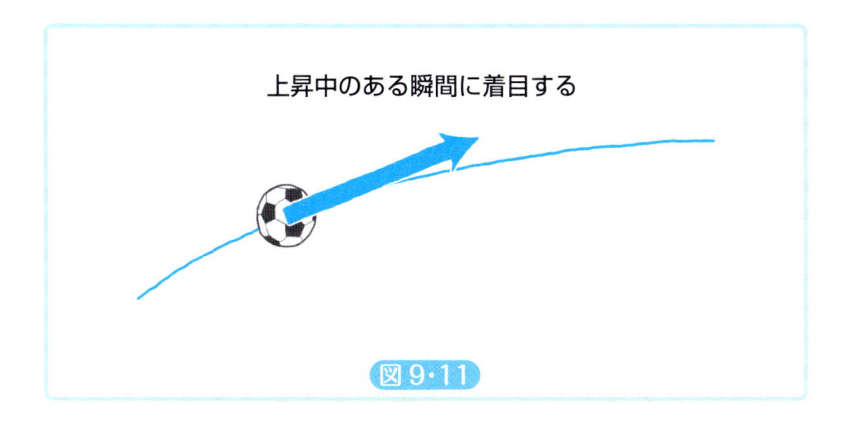

上昇中のある瞬間に着目する

図9・11

ここでボールが上昇中のある瞬間に着目してみましょう（図9・11）．ここではb時点を示します．このとき，矢印（すなわち速度）に着目して，速度の座標軸を描いてみます．これは学習していない人も多いと思いますので，以下のようにやってください．矢印の根元を原点にして位置の座標系のY軸に平行に速度のY軸を描きます．同じく矢印の根元を原点にしてZ軸に平行に速度のZ軸を描きます．

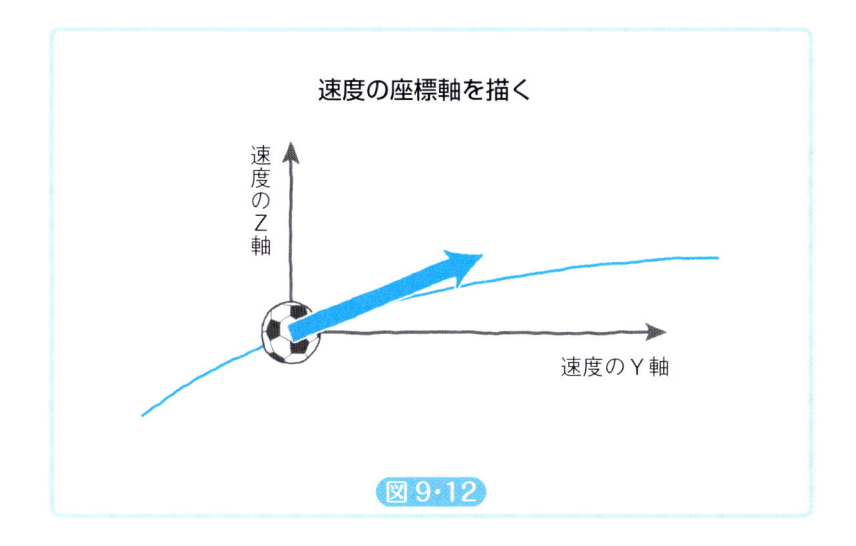

速度の座標軸を描く

速度のZ軸
速度のY軸

図9・12

これが速度についての座標系となります（図9・12）．速度を座標系で表示するのは速度について正しく表現をするためです．

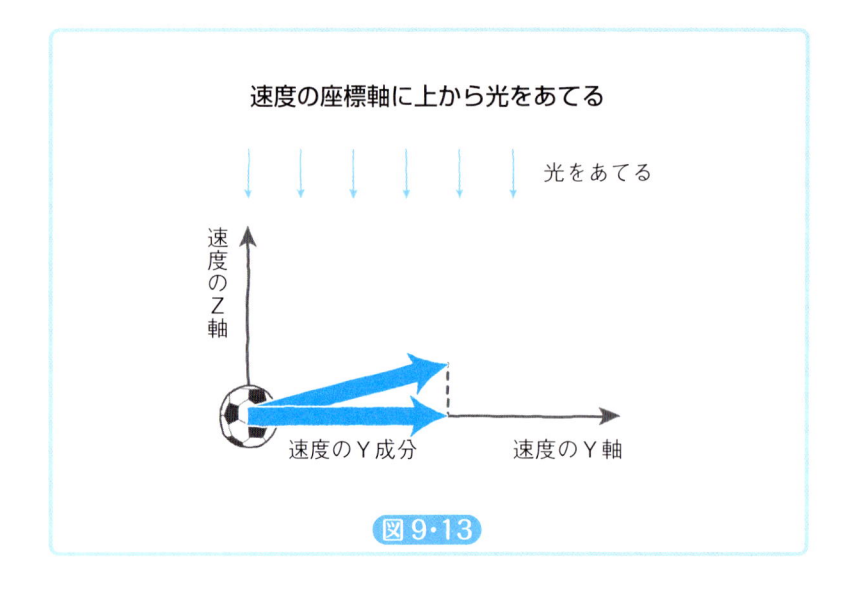

図9・13

速度の座標軸に上から光をあてる

ここでこの矢印に上から光をあてて，速度の矢印がY軸に影をつくったというようなイメージを思い浮かべてください（図9・13）．図のようにY軸に影ができるイメージです．このとき，この影を速度の「Y成分」と呼びます．

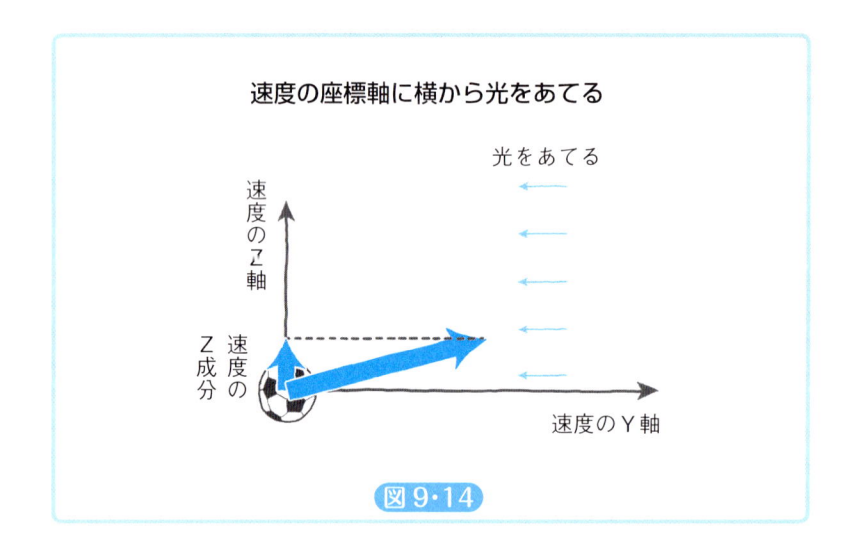

図9・14

速度の座標軸に横から光をあてる

次は矢印に横から光をあてて，速度の矢印がZ軸に影をつくったとします．このとき，この影を速度の「Z成分」と呼びます（図9・14）．

速度のY成分とZ成分

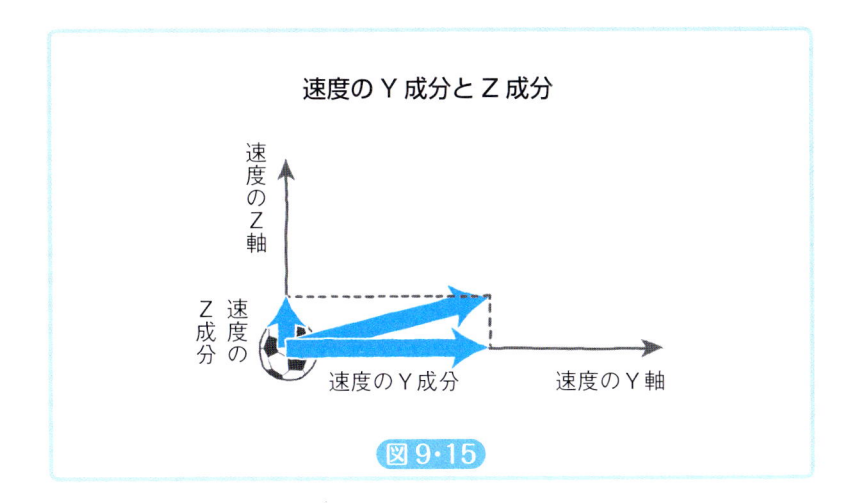

図9・15

このように上昇中の速度をY成分とZ成分で表現することができました（図9・15）．

ここでまずY成分に着目してください．Y成分の矢印の向きはY軸と同じ方向です．このような場合，Y成分の値は正の数値で表現します．Y軸方向に秒速20 mでキックして，空気抵抗がないものとしているので，Y成分は＋20 m/秒（毎秒＋20 mの速度）と表現されます．

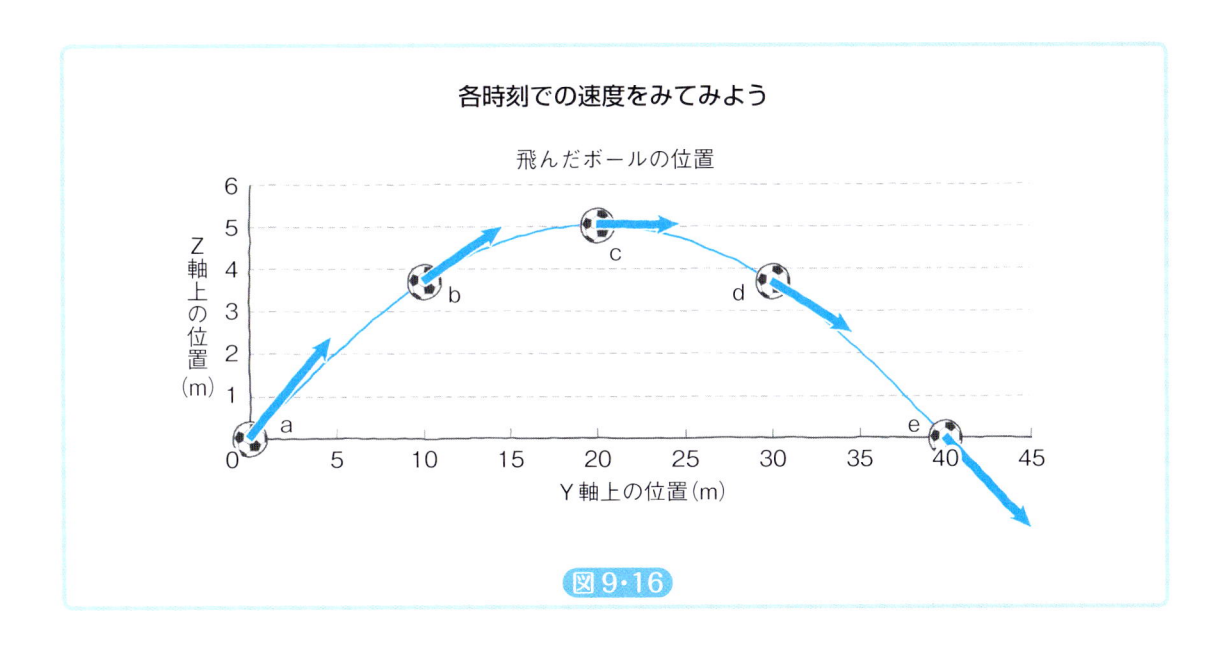

各時刻での速度をみてみよう

飛んだボールの位置

図9・16

図9・16の他の時点での速度もみてみましょう．ボールをキックした瞬間の時点（a）ではどうでしょうか．速度をY成分とZ成分で図示してみましょう．

aの時点での速度の成分

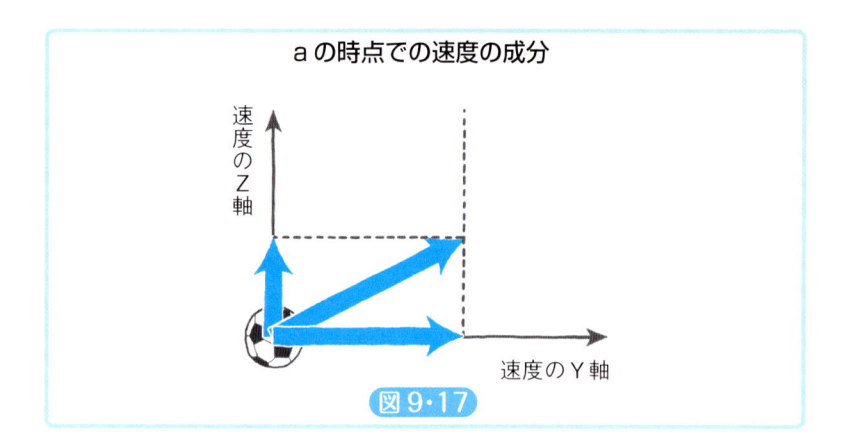

図9・17

図9・17のようになります．Y軸方向に最初秒速20mでキックしていましたが，このときZ軸方向には毎秒10mだったのですから，Y成分は毎秒+20m，Z成分は毎秒+10mということになります．

bの時点での速度の成分

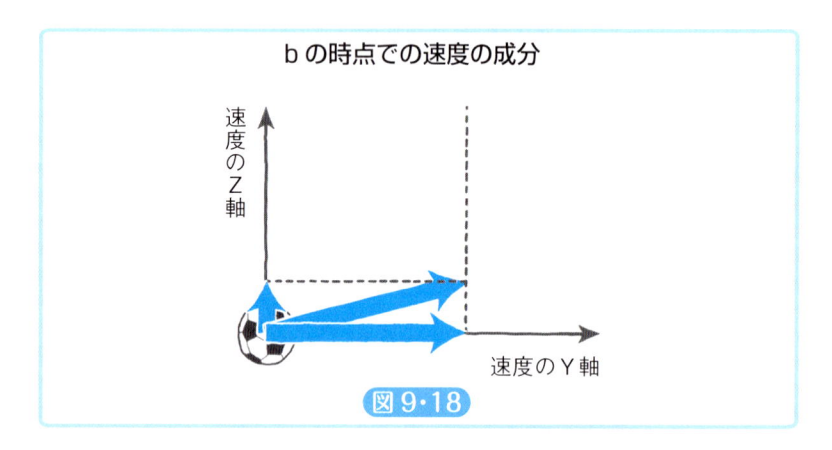

図9・18

bの時点ではY成分はさきほどと同じです．Z成分は上向きですが少し小さくなっています（**図9・18**）．

同じようにc，d，eの時点での速度の成分を描いてください．

cの時点での速度の成分

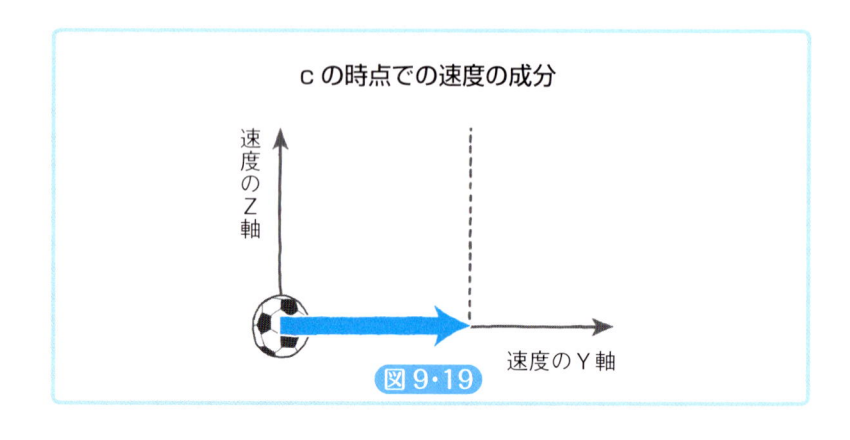

図9・19

cの時点では**図9・19**のようになります．Y成分はさきほどと同じです．Z成分は0です．

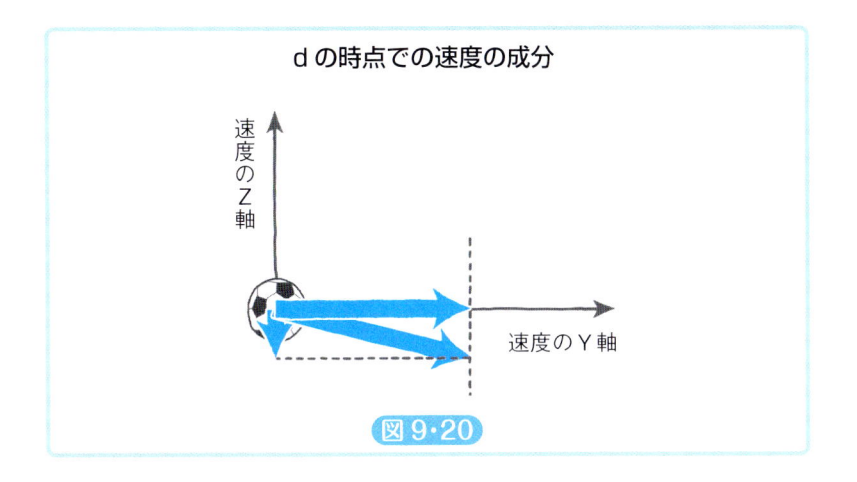

dの時点での速度の成分

図9・20

　dの時点では**図9・20**のようになります．Y成分はさきほどと同じです．Z成分は下向きになります．この場合，Z成分は負の値（−）で表現することになります．

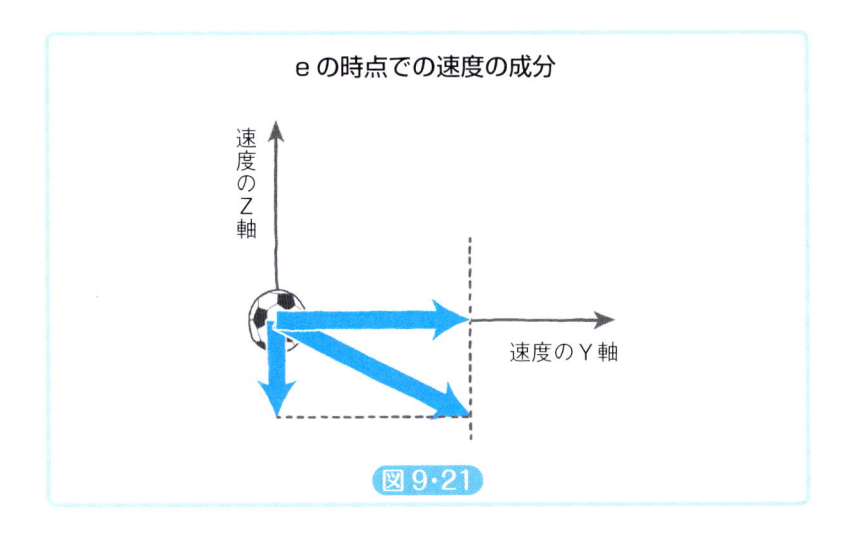

eの時点での速度の成分

図9・21

　eの時点[*6]では**図9・21**のようになります．

*6 ボールが地面に当たったときには下向きの速度は毎秒0mになりますので，ここでは，地面に当たる直前を表していると考えてください．

速度の変化をみる

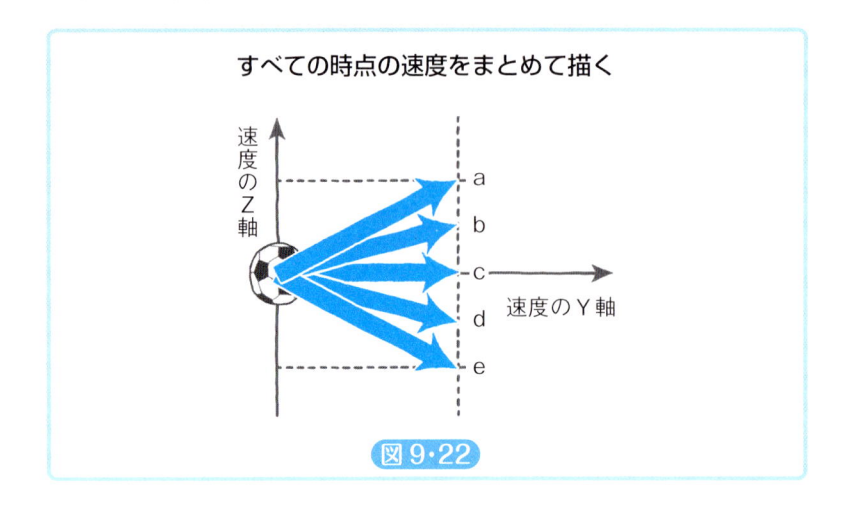

すべての時点の速度をまとめて描く

図9・22

a, b, c, d, e の時点での速度の矢印を全部まとめて描いてみましょう. 図9・22のようになります. Y成分についてはどの時点でも同じ値です. すなわち毎秒＋20ｍです.

Z成分については最初は毎秒＋10ｍだったのですが, 0.5秒間におよそ毎秒5ｍずつ値が減っていきます. これにともなって矢印の長さは変化していきます.

矢印の長さがこの時点でのボールの「速さ」になります. 速さは矢印の長さなのでいつも正の値ですが, ボールが飛んでいる間に速さが変化していくことがわかります. 速さはスピードメーターの目盛りのようなものですので, 物体がどのくらい速く動いているかがわかりますが, 速さだけではどの方向に動いているかはわかりません.

速さを矢印で表現すると「速度」[*7]になり, 速度で表現すると物体がどの方向に動いているかがわかるようになります. この矢印のことをベクトルと呼びます. ベクトルで表された速度は各成分に分けて考えることができます.

今回, ボールの速度を各成分で考えると, X方向には動いていないので速度のX成分はつねに0です. Y成分は一定の値で, Z成分は最初の値から時間が経つと1秒間におよそ毎秒10ｍずつ減っていました.

[*7] 「速さ」と「速度」の違い　速度は大きさと方向をもつので, ベクトルの1つとして扱われます. 速さは大きさだけを表します. このように, 大きさだけを表す物理量をスカラーといいます.

図9・23

速度のX成分の時間変化

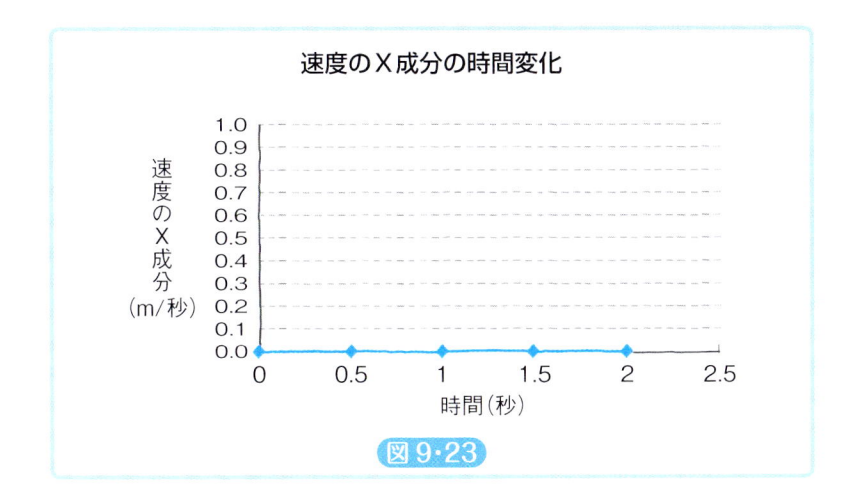

　前講のボールの位置と同様に，速度の各成分の時間変化をグラフで描いてみましょう．

　ボールはY軸に沿って飛んでいくので，X軸方向[*8]には速度はありません．すなわち時間が経っても速度のX成分は0のままです（**図9・23**）．

*8　X軸はボールの進行方向に向かって横方向です．

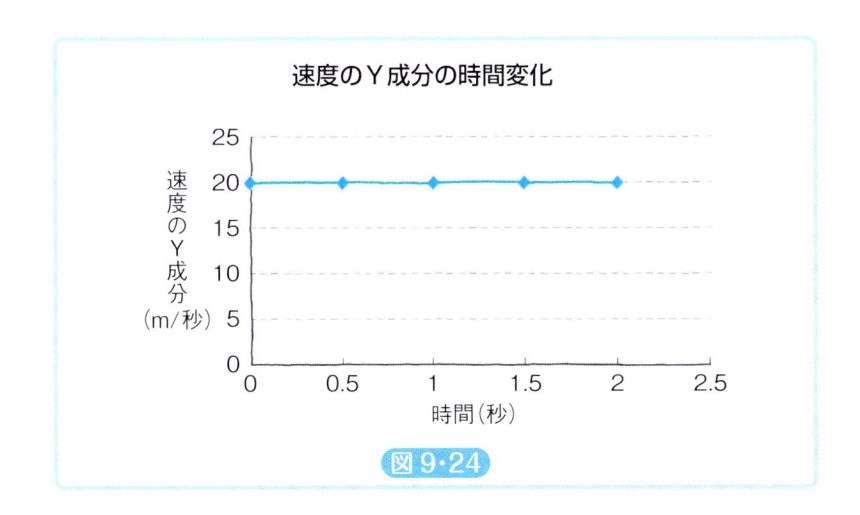

図9・24

速度のY成分の時間変化

　Y軸方向には最初秒速＋20mでキックして，空気抵抗や摩擦がないものとしているので，速度のY成分は毎秒＋20mのままです（**図9・24**）．

　Z軸方向は最初，毎秒＋10mでキックしたのですが，0.5秒で毎秒約5m（すなわち1秒間で約10m/秒）ずつ減っていきます．1秒後に最高の高さに達しますが，このときは速度のZ成分は0になります．ｃの時点で速度の矢印が水平になっていましたが，これは速度のZ成分が0になっていることを示しています．

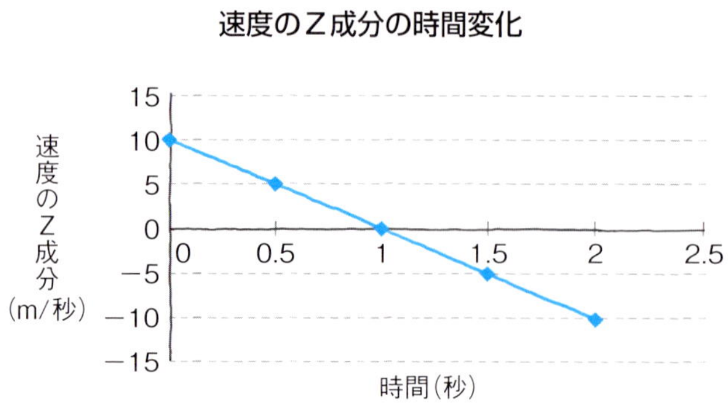

速度のZ成分の時間変化

図9・25

さらに時間が経つと速度は下向きになり，下向きの速度がどんどん増えていきます．下向きの速度は負の値（−）で表されますから，−の速度が増えていくということもできます（図9・25）．

このように物体の速度は成分で表すことができ，成分は正の値（＋）にも負の値（−）にもなります．たとえば，右向きに動くボールの速度を＋で表すと，左向きに動くときには−です．速度の表現を使うことによって，物体がどのくらいの速さでどちら向きに動いているかを示すことができるのです．

練習問題

味方がセンターサークルから敵の正面に向かって前方向20 m/秒，上方向20 m/秒の速度でキックしました．横軸を時間として速度のX，Y，Z成分をグラフで描きなさい．

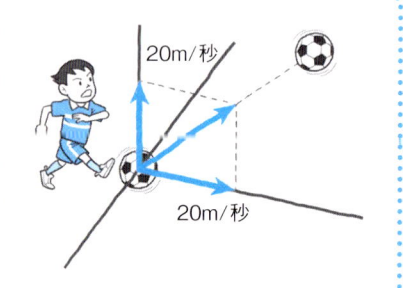

9講のまとめ

- 速度は矢印で表現できる
- 速度はX成分，Y成分，Z成分で表現できる
- 速度の成分は正の値にも負の値にもなる

10講 物体の速度と加速度

学習の目標
1. 物体の加速度について説明できる
2. 動いている物体の加速度を矢印で表すことができる

　8講では物体の位置，9講では物体の速度に着目しました．この講では物体の速度の変化すなわち加速度[*1]に着目します．加速度を矢印で表現することにより，動いている物体の状態と動き出してから止まるまでの一連の物体の動きのしくみを理解することができます．

[*1] 速度の変化を加速度といいます．後の講でも，さまざまな運動の解析に使用されますので，まずは本講をしっかり勉強してください．

加速度とは何か

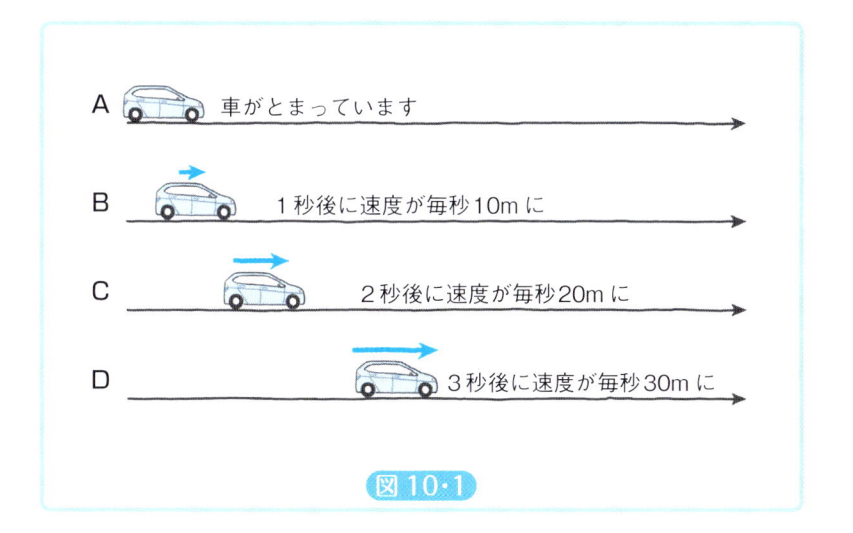

A 車がとまっています
B 1秒後に速度が毎秒10mに
C 2秒後に速度が毎秒20mに
D 3秒後に速度が毎秒30mに

図 10・1

　車がとまっています（**図10・1A**）．アクセルを踏み込んで1秒後に車の速度が毎秒10 m（10 m/s[*2]）になりました（**図10・1B**）．さらにアクセルを踏み込んで，スタートから2秒後に速度が毎秒20 m（20 m/s）になりました（**図10・1C**）．さらにアクセルを踏み込んで，スター

[*2] sは秒（second）を表します．10 m/s は1秒につき10 mを表し，/ は分数を表しています．1秒を基本の単位時間とみて，単位時間当りの移動距離を表します．これが速度の定義です．

トから 3 秒後に，速度が毎秒 30 m（30 m/s）になりました（図 10・1D）．

この間の速度の変化を「加速度」と表現します．1 秒間に速度が毎秒 10 m（10 m/s）ずつ増加したので，加速度は 10 m/s² [*3] と表現します．

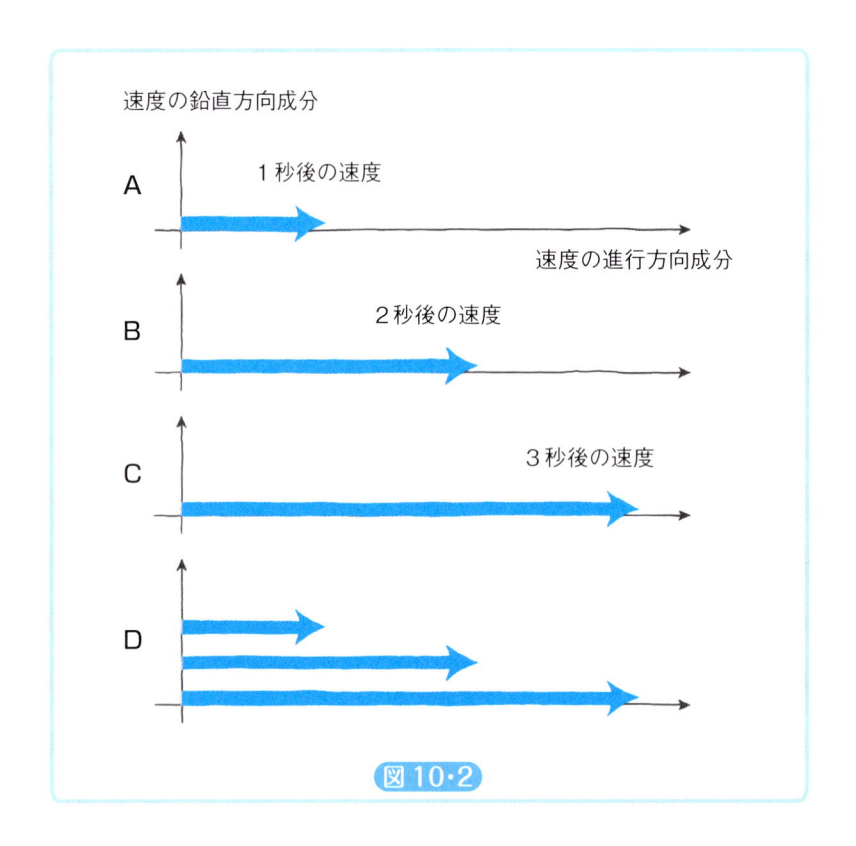

*3 速度 10 m/s が単位時間である 1 秒後に 20 m/s になったとすると，1 秒間に 10 m/s だけ速度が増加したので，単位時間当たりの速度の変化を

$$(10 \text{ m/s})/\text{s}$$

と表すとよいのですが，簡単に表現するために 10 m/s² と表現します．

図 10・2

9 講と同じようにこのときの速度を矢印で描いてみましょう．進行方向速度を横軸に示すと，1 秒後の速度は図 10・2A のようになります．2 秒後の速度は図 10・2B，3 秒後の速度は図 10・2C です．これらの速度を重ねて描いてみましょう．本当は同じ場所に重ねて描くべきですが，みづらくなるのでわざと少しずらして描いてみると図 10・2D のようになります．スタートと 1 秒，1 秒と 2 秒の矢印を比較すると，矢印の長さが同じように長くなっていることから，一定の割合で速度が増えていることがわかります．

図10・3

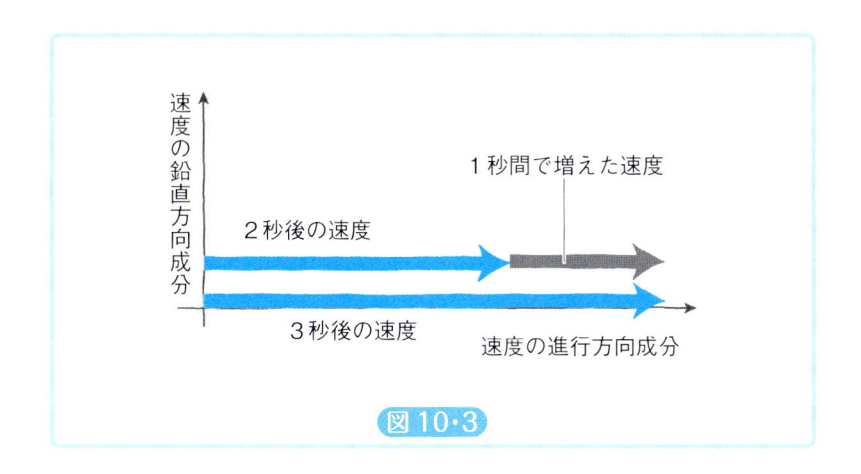

　ここで，2秒後と3秒後の速度を取り上げて，その間の増加分を灰色の矢印で示すと，**図10・3**のようになります．この灰色の矢印が2秒後から3秒後までの間の速度の変化で，これが加速度です．このように加速度も矢印で表現できます．

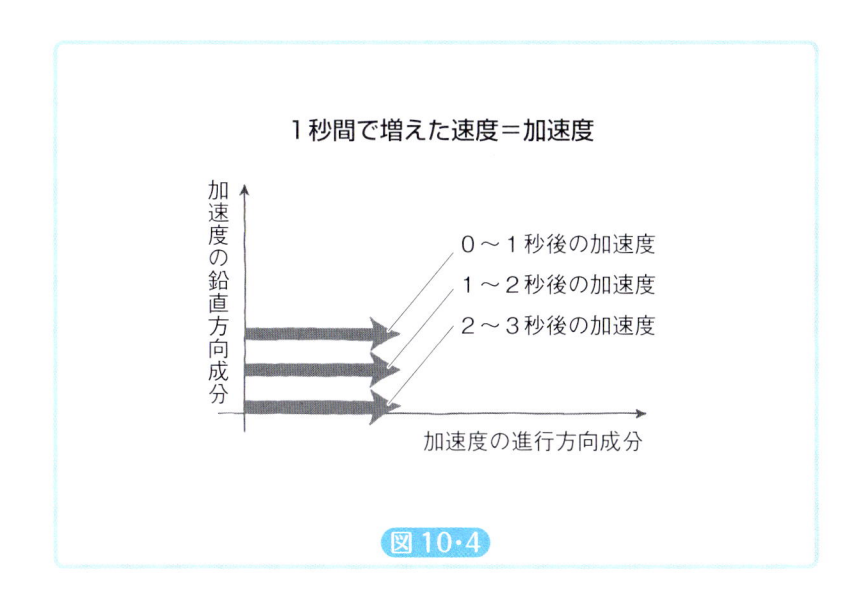

図10・4

　スタートから1秒，1秒から2秒の間についても同じように加速度を矢印で表現できます（**図10・4**）．

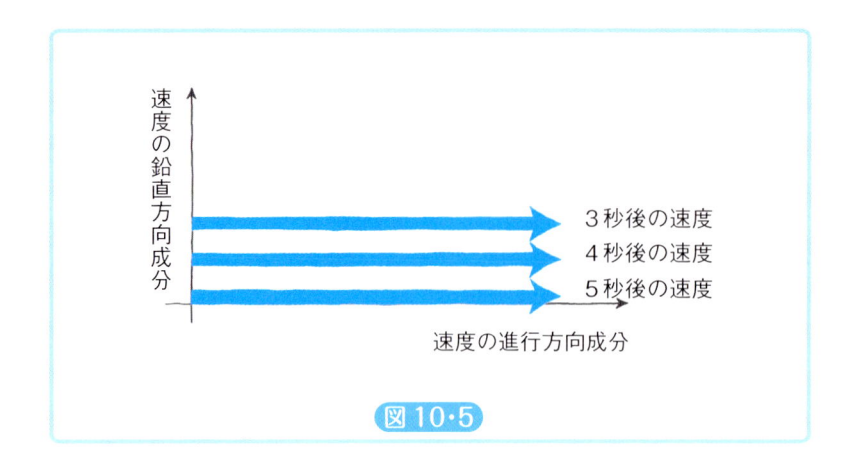

[図 10・5]

3秒を過ぎてからはいくらアクセルを踏み込んでも，それ以上加速しなくなりました．速度を矢印で示すとずっと 30 m/s のままですから，図 10・5のようになります．3本の矢印は同じ長さなので，このときには加速度はゼロであることがわかります．

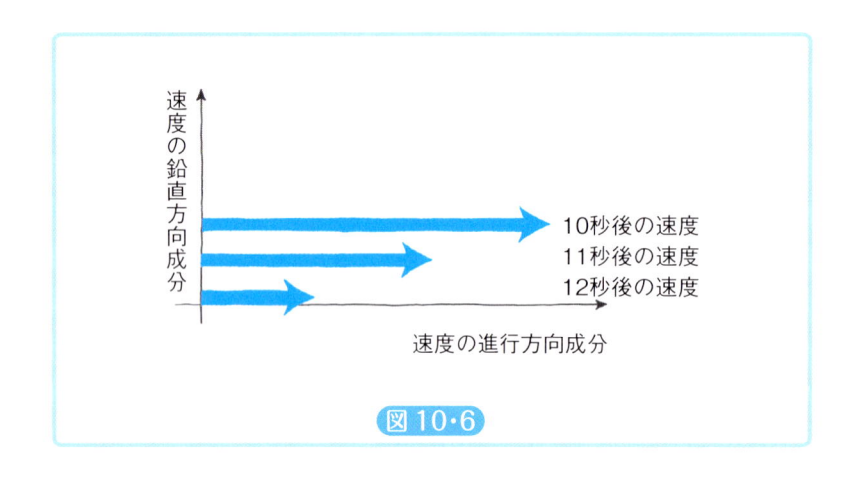

[図 10・6]

10秒を過ぎた時点でブレーキを踏んで，速度が減速したとします（図 10・6）．

図10·7

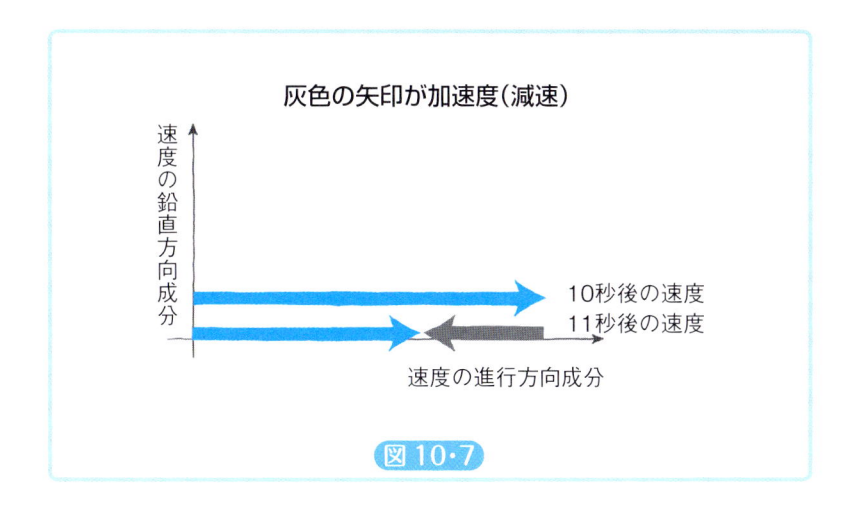

ここで，10秒後から11秒後を取り上げてみると，灰色の矢印がこの間の速度の変化になります（**図10·7**）．今度は灰色の矢印の方向が逆で，加速ではなく減速であることがわかります．

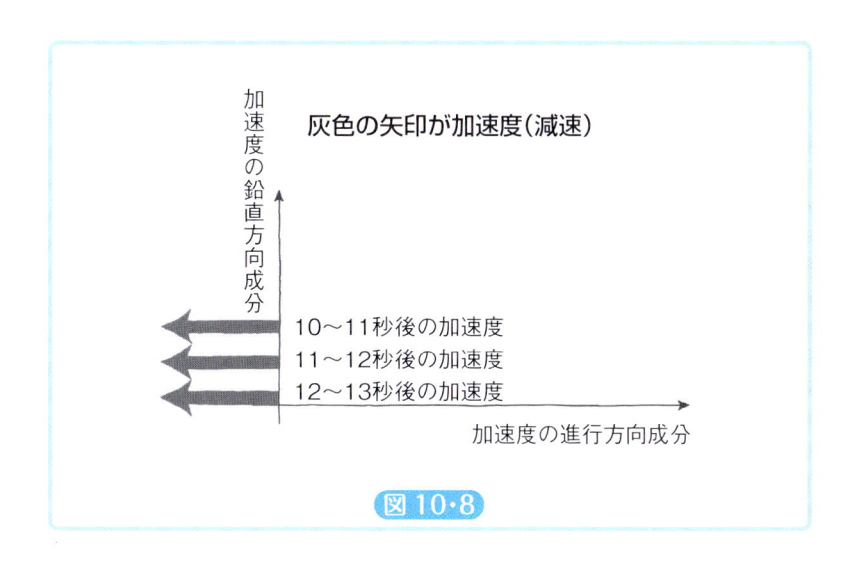

図10·8

同じように11～12秒後の加速度，12～13秒後の加速度を重ねて描くと，**図10·8**のようになります．矢印は進行方向の座標軸の向きと逆になりますから，加速度の進行方向成分の値は負（−）になります．負の加速度は減速を示します[*1]．

*1 ここまでのまとめ 加速度は1秒間に変化した速度のことです．加速度は矢印で表現できます．速度が増える場合は正，減る場合は負で示します．

空中を飛ぶボールの加速度

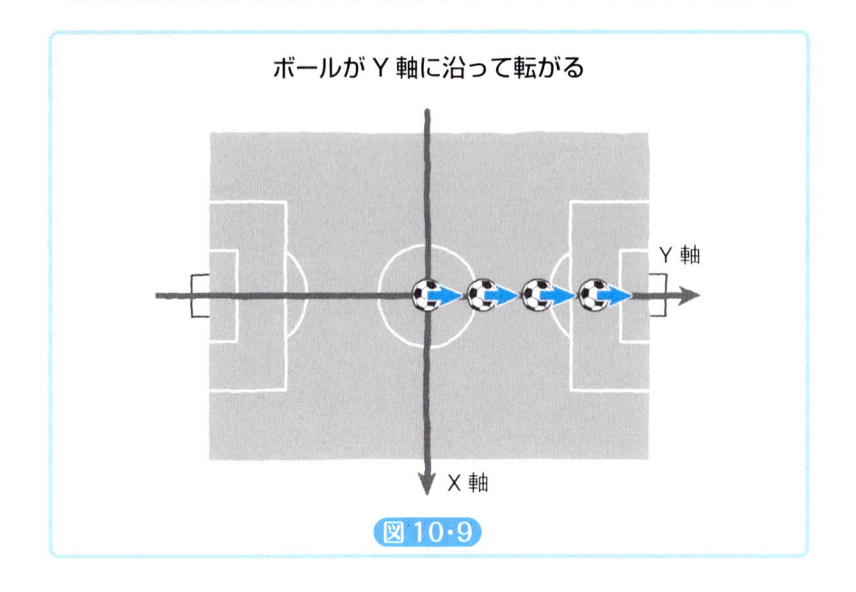

ボールがY軸に沿って転がる

図 10・9

　ここでサッカーのボールの加速度に着目してみましょう．センターマークに置いたボールをキックして，ボールが速度を落とすことなく転がったとすると，ボールの速度は図 10・9 の矢印のように表現できます．キックした瞬間は，速度がゼロだったボールがある一定の速度をもつのですからその瞬間は加速度がありますが，それ以後，ボールは一定速度で転がるので加速度はゼロであることがわかります．

敵のゴールキーパーがキック（ゴロ）

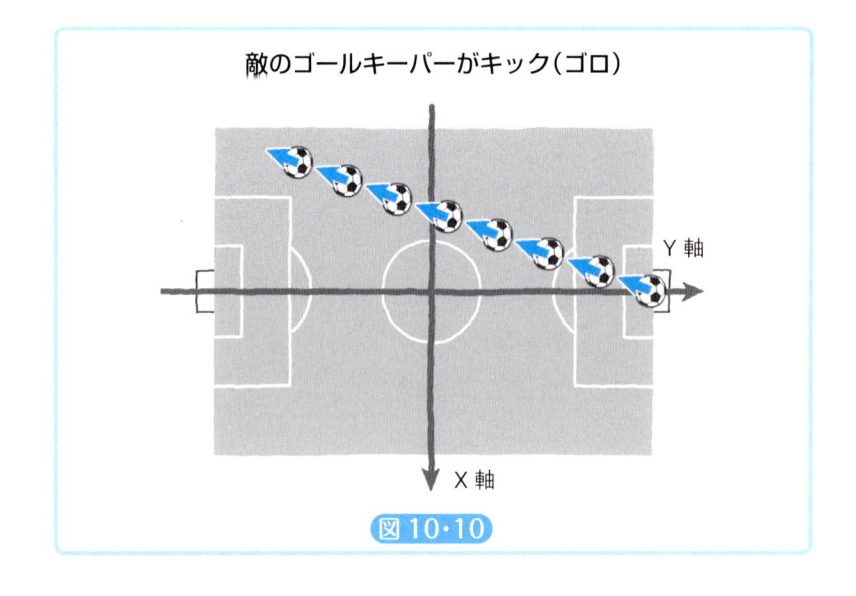

図 10・10

　図 10・10 のように敵のゴールキーパーがボールをキックした場合

も，キックの瞬間を過ぎるとボールの加速度はゼロであることがわかります．ここではボールが斜めに転がるのでX軸方向とY軸方向の速度と加速度を考える必要がありますが，X軸方向もY軸方向もキックの瞬間を除けば加速度の成分の値はゼロです．

今度はボールが転がるのではなく，センターマークに置いたボールを選手がキックしてゴールめがけて飛ばしたとしましょう．キック直後に前方向に 20 m/s，上方向には 10 m/s の速度になるようにキックしたとします．位置のY軸とZ軸だけ抜き出して図を描き，ボールの位置をストロボ写真のように重ねて描いてみましょう．さらにここに速度の矢印を描いてください．前講の復習です．

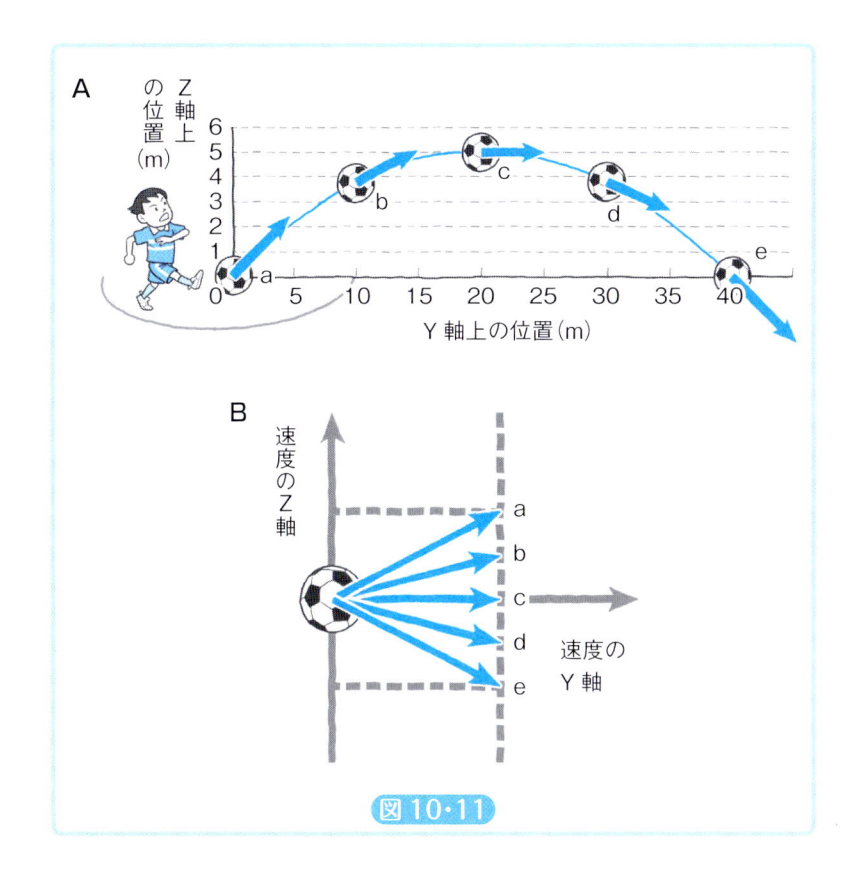

図10・11

答えは図10・11Aのようになります．この図は 0.5 秒ごとのボールの動きの図です．

9講でやったように，速度を全部重ねて描くと図10・11Bのようになります．

A 　速度のZ軸／速度のY軸
B 　速度のZ軸／速度のY軸
C 　速度のZ軸／速度のY軸
D 　速度のZ軸／速度のY軸

図10・12

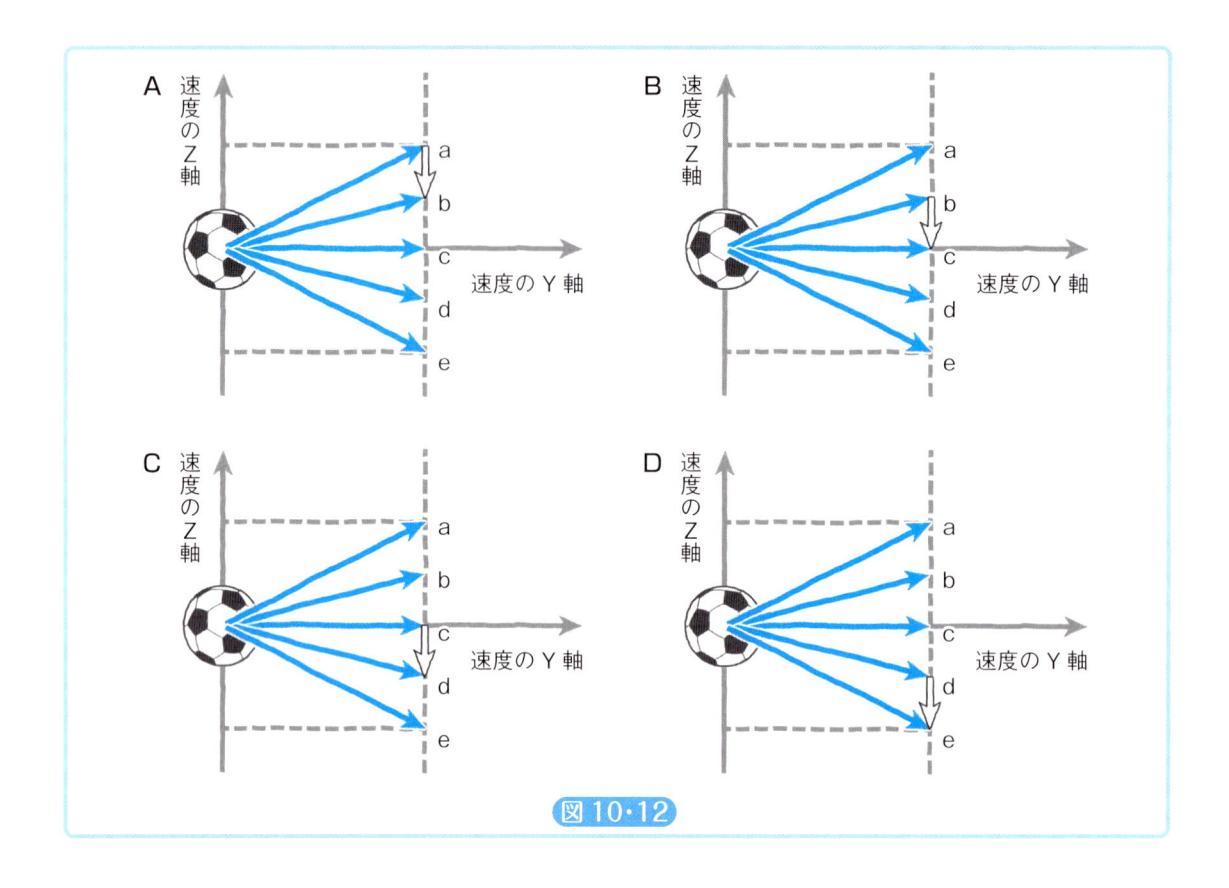

次にaからbになるまでの速度の変化を矢印で描いてみましょう．速度の変化は図10・12Aのようになります．ここから先も同じように描いてください．bからcは図10・12B，cからdは図10・12C，dからeは図10・12Dです．

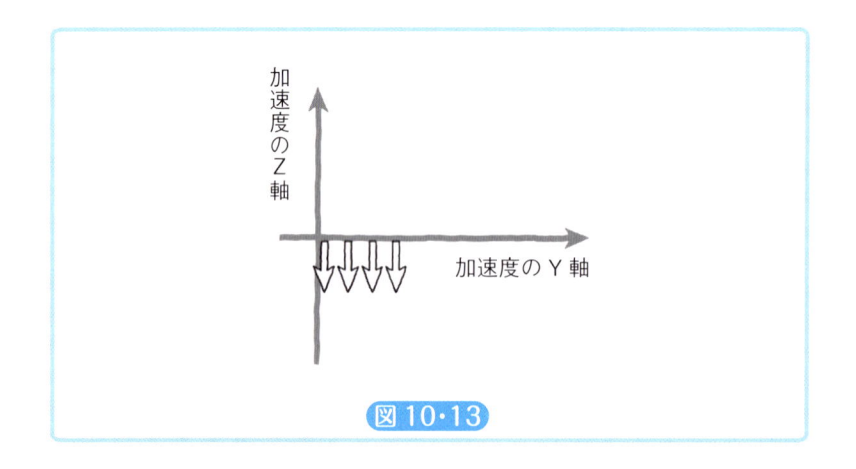

図10・13

次に，速度の変化を重ねてみると，図10・13のようになります．完全に重ねてしまうとみづらくなるので，ここではわざと少しずらして描

いています．これは0.5秒ごとの速度の変化です．加速度は1秒ごとの速度の変化ですから，この矢印を2倍にしたものが加速度になります．図10・13から，Y軸の加速度はゼロ，Z軸の加速度は下向きの一定値になることがわかります．ここでは加速度上向きを正，下向きを負で表していますので，下向き加速度は負の値で表されます．

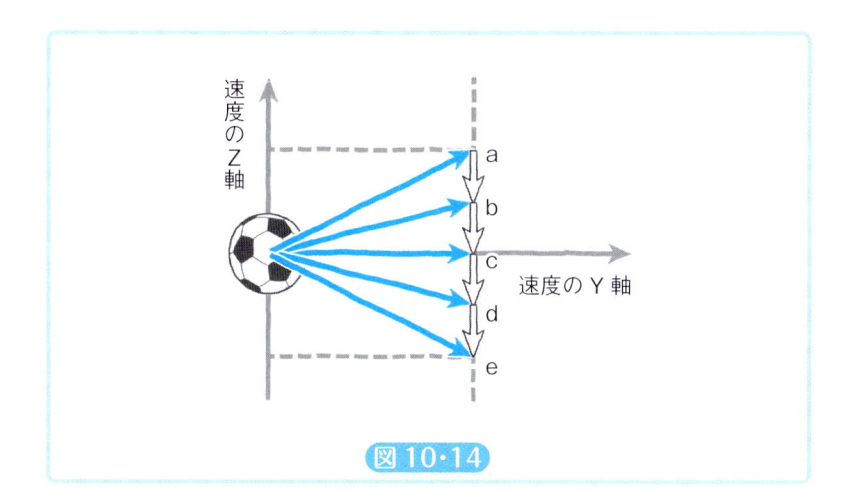

図10・14

この加速度の矢印を速度の図に戻して表現すると図10・14のようになります．図10・11Aをみると，aからcまでボールは上昇していますが，速度の変化は下向きになっていることに注意してください．つまり，キックが終わってボールが地面から離れた瞬間から，ボールの上下方向の速度の変化は下向き，すなわち減速しているのです．しかし，最初は上向きの速度があるので，ボールは減速しながら上昇していきます．最高点に達した瞬間に上向きの速度はゼロになり，その後は下向きに動きながら徐々に下向きに加速していきます．

空気抵抗がないとすると，動力をもたずに空中に飛ばされた物体はここで示した一定の下向きの加速度がかかります．その値は物体によらず一定で，およそ9.8 m/s^2です．この値を重力加速度といいます．

図10·15

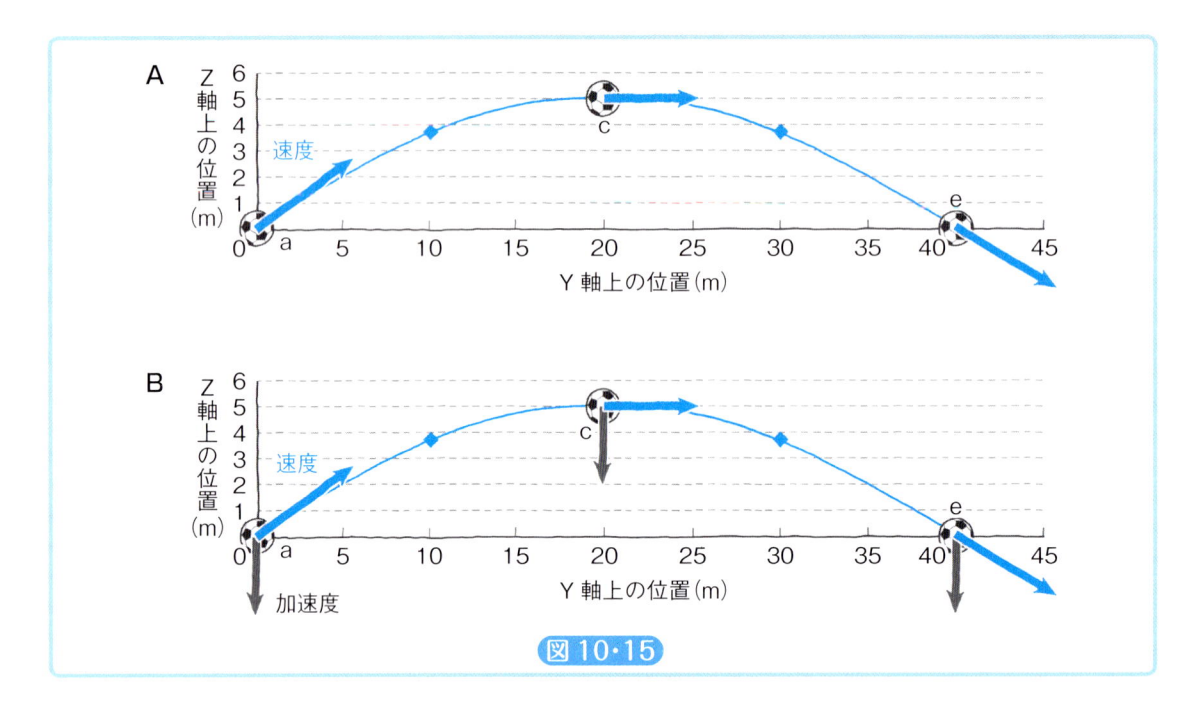

先ほどと同じボールの位置を1秒ごとに描いてみました（**図10·15A**）．矢印は速度です．この図にさらに加速度を加えてみましょう．

加速度は**図10·15B**の灰色の矢印のようになります[*5]．ここでは，aの速度にaの加速度を足したものがcの速度になり，cの速度にcの加速度を足したものがeの速度になります．

*5 先ほどまでの説明では，わかりやすいように矢印の先に加速度を描いていましたが，速度も加速度も，物体の中心（重心）の状態を表しています．

バネでつるしたボールの加速度

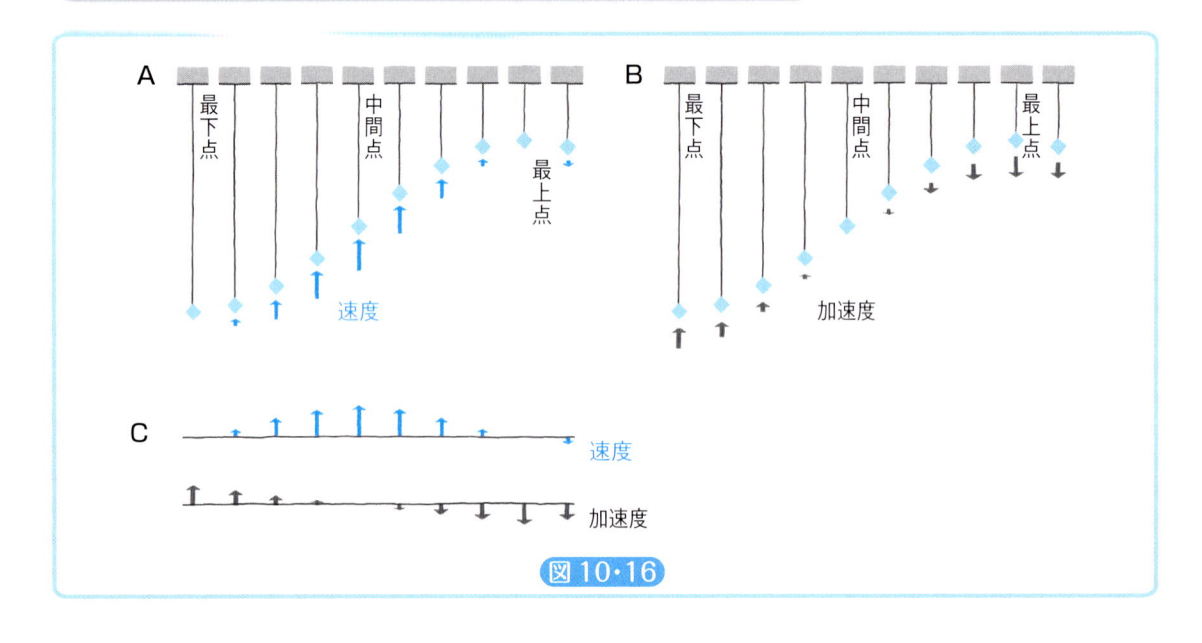

図10·16

天井からバネでボールがつり下げられています．このボールを手にもって真下にひっぱり，手を離します．ボールは天井に向かって上昇します．この上昇中のボールの動きについて考えてみましょう．

　このときのボールの加速度を考えるには，速度の矢印を並べてそれぞれの速度の変化をみます．速度の変化は図10・16Cのようになります．速度変化の矢印をボールの図に描きこんでください（図10・16A，B）．ボールが最下点にあるとき，手を放す瞬間は速度ゼロであったのですが，手を放すとすごい勢いで上向きに加速し，上向きの速度が生じてボールは上昇を始めます．中間点に近づくにつれて加速度は小さくなり[*6]，中間点に達した瞬間に上向き速度は最大になります．ここではこれ以上は速度が増えないので，加速度はゼロになります．中間点を過ぎてもボールは上方に向かいますが，速度は徐々に小さくなるので，加速度は下向きになります．最上点に達した瞬間に速度はゼロになりますが，次の瞬間には速度は下向きに変化するので，加速度は下向きの最大値になります．

☛ エレベータに乗って上昇するときの加速度の計測例です．停止時は加速度はゼロです．動き始めに加速度が大きくなり，定速で上昇中は加速度はゼロです．停止するときには加速度が−になり，停止すれば加速度がゼロに戻ります．

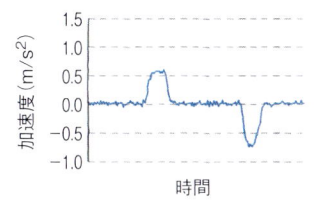

*6　加速度は単位時間当たりの速度の増加や減少を表すものであったので，加速度が上向きである（すなわち，上向きの加速度が＋である）間は，上向きの速度は増加していることを思い出してください．図10・16Bで，上向きの矢印がある間は上向きの速度が増加しますので，中間点で上向き速度が最大になります．

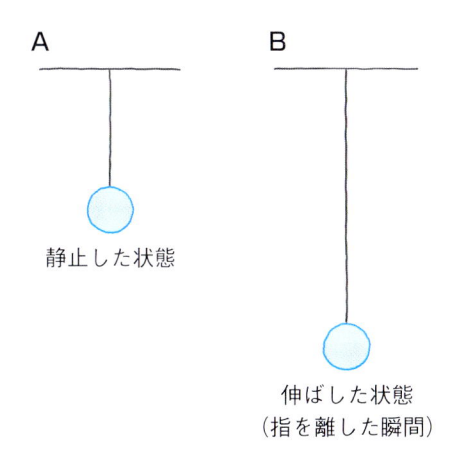

練習問題

A　静止した状態

B　伸ばした状態
（指を離した瞬間）

　天井からバネでつるしたボールを取り上げてみましょう（図A）．このボールを指でつまみ，バネを真下に伸ばして図Bのような状態で指を離した瞬間からボールの動きが始まったとします．ボールの動きを考えてストロボ写真のイメージで図示してみましょう．次に速度と加速度を矢印で示しましょう．

10講のまとめ

- 加速度は矢印で表現できる
- 加速度はX成分, Y成分, Z成分をもつ
- 加速度の成分は正の値にも負の値にもなる

11講 力と加速度

学習の目標
1. 物体に加わる力と加速度の関係について説明できる
2. 力，加速度と質量の関係について説明できる

10講では物体の位置・速度・加速度に着目しました．この講では物体に加わる力と加速度の関係に着目します[*1]．力と加速度を矢印で表現すると，両者の関係が整理されて理解しやすくなります．

[*1] 位置から速度を求め，速度から加速度を求めることで，力との関係を説明することができるようになります．本講が物理学（力学）を学ぶうえでのひとつの山場です．

動いている物体の加速度

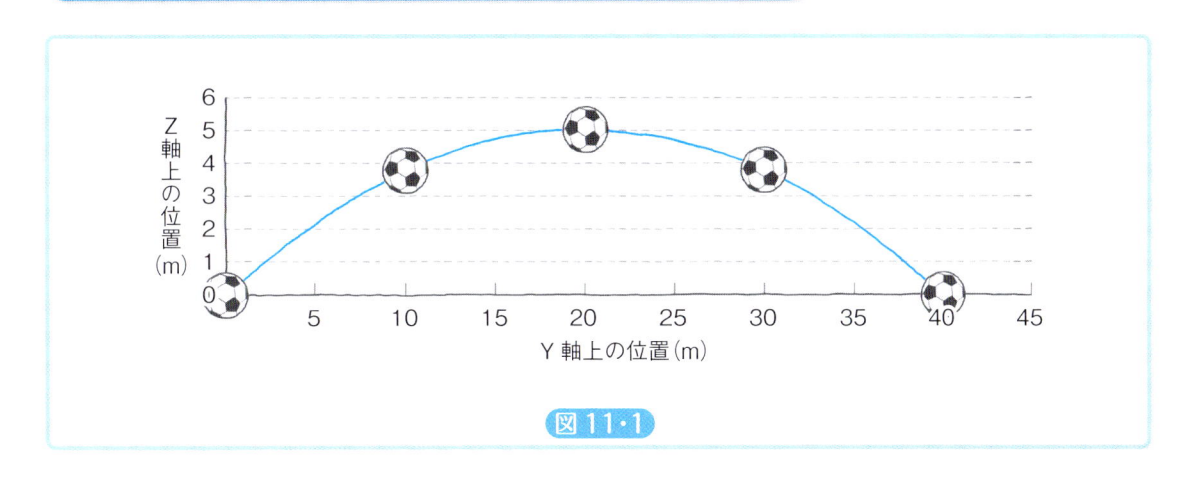

図11・1

10講の復習です．センターマークに置いたボールを選手が前方向に 20 m/s，上方向には 10 m/s の速度でキックしてゴールめがけて飛ばしました．Y軸とZ軸だけ抜き出して図を描き，ボールの位置をストロボ写真のように重ねて描いて，さらにここに速度と加速度の矢印を描いてみましょう．

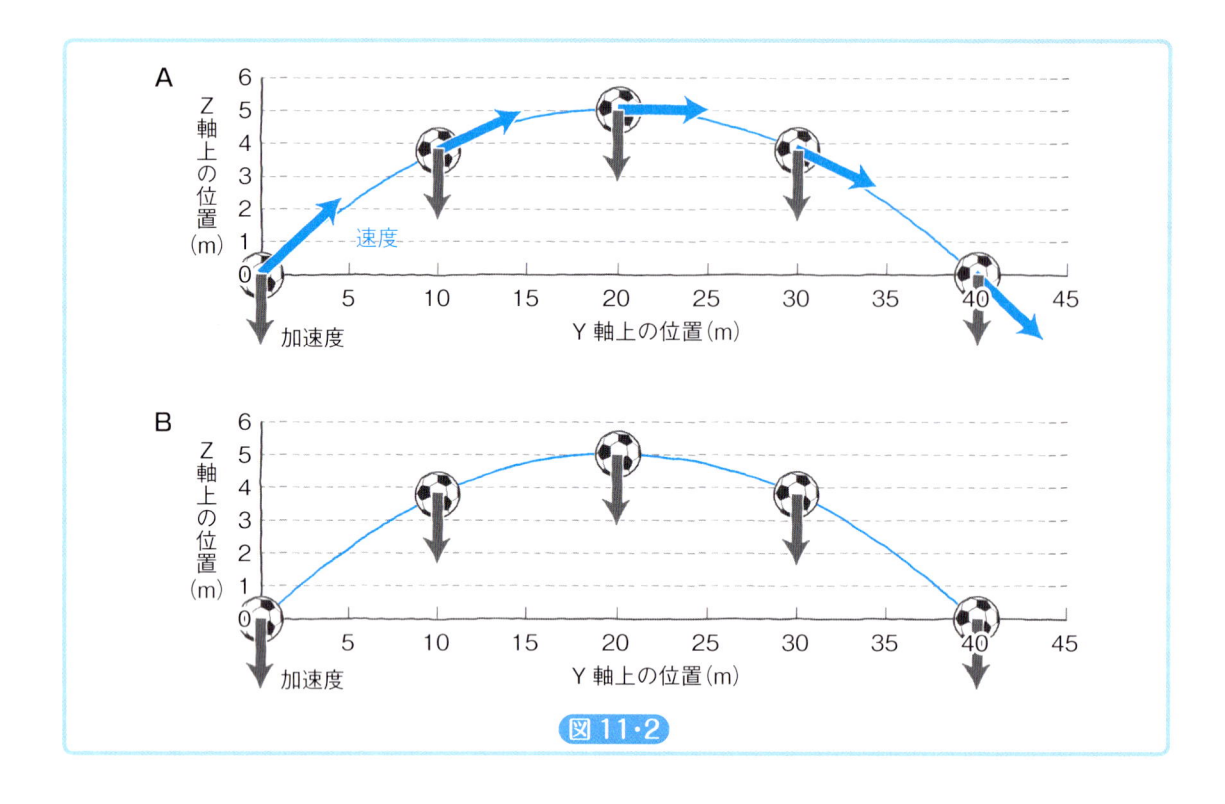

図11・2Aが正解です．この図は0.5秒ごとのボールの動きです．この図で速度の矢印を消して，加速度の矢印だけにしてみます（図11・2B）．加速度の矢印をみると，ボールが飛んでいる間，加速度は一定の長さの下向きの矢印になります．このことはボールに加わる重力と同じです．つまり，重力も一定の長さの下向きの矢印です．

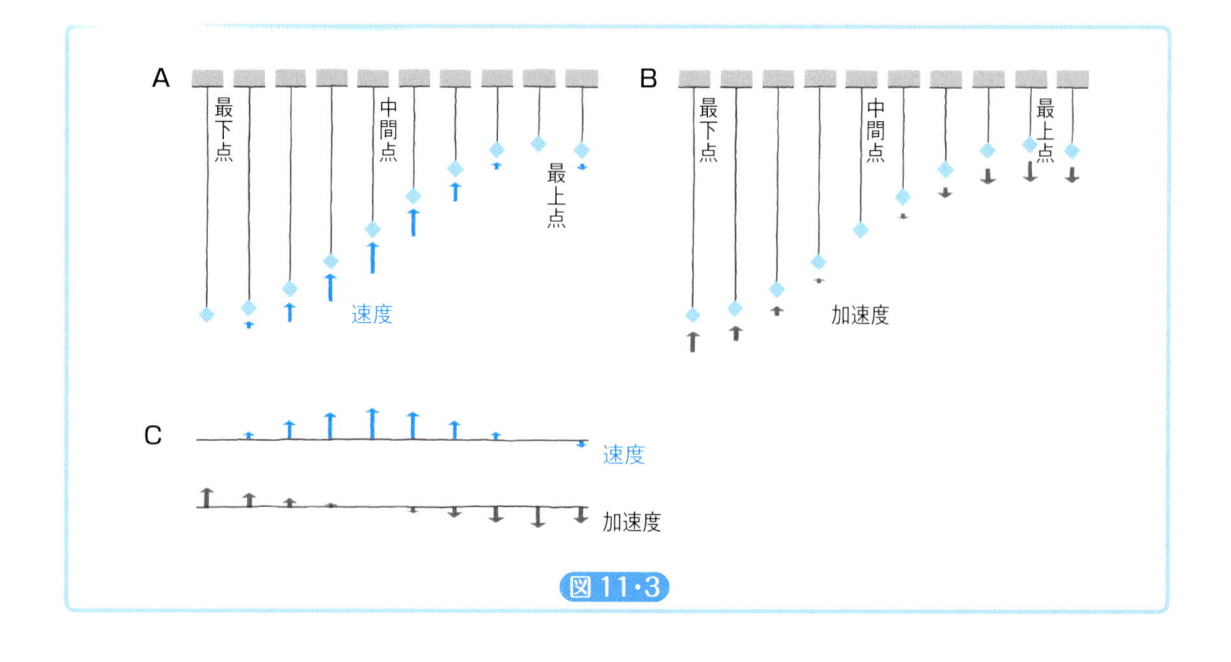

次は天井からバネでつるしたボールの動きです．ボールを指でつまみ，バネを伸ばしてから指を離します．ボールは上下運動を繰り返します．ボールの運動をストロボ写真のイメージで図示してみましょう．

ボールが下端から上端に上昇中の速度の矢印を図に描きこんでみます（**図11・3A**）．10講で学んだ通り，このときのボールの加速度は**図11・3B**のようになります．

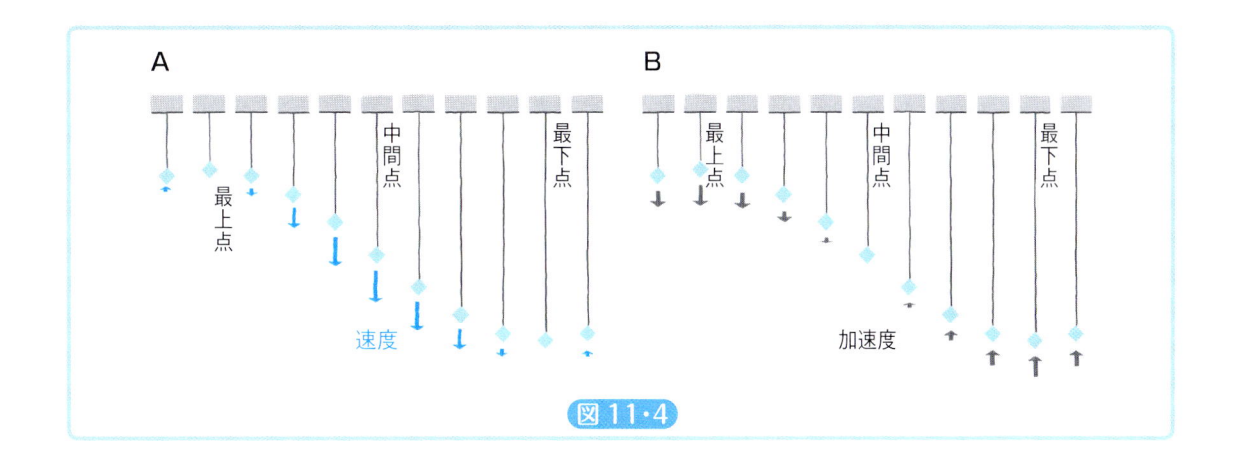

図11・4

次にボールが上端から下端に下降していくときの速度の矢印を描いてみましょう（**図11・4A**）．ボールが下降中は速度の矢印は上昇中とは反対向きになります．

次に，この図のボールの加速度を考えてみましょう．わかりにくければ，**図10・16C**のように速度の矢印を並べてその変化分を考えます．ボールが下降中の加速度は**図11・4B**となり，上半分では下向き，下半分では上向きとなり上昇中の**図11・3B**と同じであることがわかります．

バネが出す力

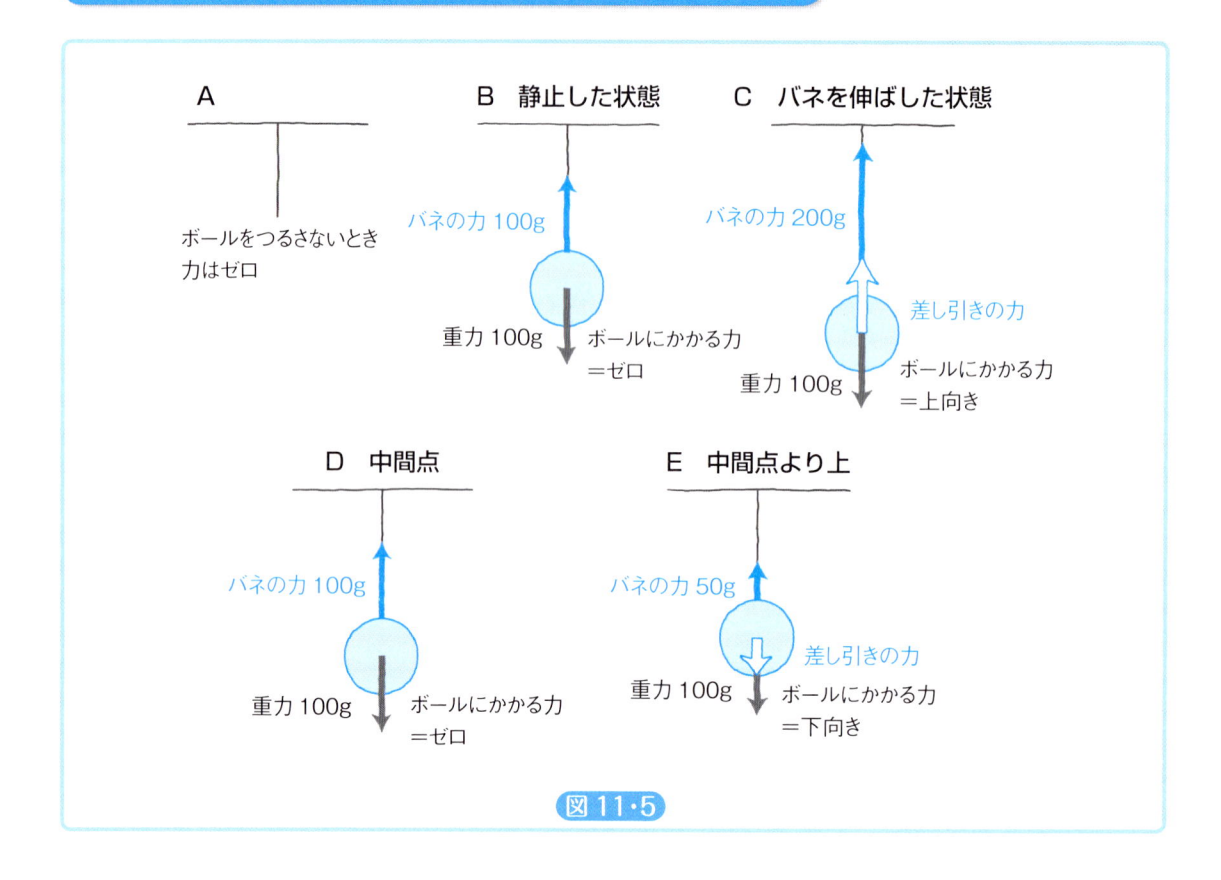

| A | B 静止した状態 | C バネを伸ばした状態 |

ボールをつるさないとき 力はゼロ

バネの力 100g
重力 100g
ボールにかかる力 =ゼロ

バネの力 200g
差し引きの力
重力 100g
ボールにかかる力 =上向き

| D 中間点 | E 中間点より上 |

バネの力 100g
重力 100g
ボールにかかる力 =ゼロ

バネの力 50g
差し引きの力
重力 100g
ボールにかかる力 =下向き

図 11・5

　ボールはバネから力を受けて動くので，バネが出している力について考えます．まず，ボールをつり下げていないときは，バネは伸びていないので力はゼロです（図 11・5A）．次に 100 g のボールをつり下げて静止させたときに，バネが 10 cm 伸びたとします（図 11・5B）．100 g のボールが静止しているので，このときバネは 100 g の力を出しています．次にボールを指でつまみ，バネを真下に 10 cm 伸ばしました（図 11・5C）．バネは 20 cm 引き伸ばされたので，200 g の力を出します．ここで指を離します．離した瞬間には，ボールはバネから上向きに 200 g の力でひっぱられます．同時に，ボールには 100 g の重力が下向きにかかるので，上向きに 200 g，下向きに 100 g で，差し引きするとボールには上向きに 100 g の力がかかることになります．この力によってボールは上向きにひっぱり上げられます．

　ボールが中間点にくると，バネは 10 cm 伸ばされた状態まで戻るので，バネから 100 g の上向きの力がボールにかかります．しかし，同時に重力が下向きに 100 g でひっぱるので，差し引きすると中間点ではボールにかかる力はゼロになります（図 11・5D）．

中間点を過ぎると，バネがひっぱる力はどんどん小さくなりますが，重力の大きさは変わらないので，差し引きすると下向きの力が大きくなります（図11・5E）．つまり，中間点より下ではボールには上向きの力がかかり，中間点より上ではボールにかかる力は下向きに変わることになります．

これを図11・3B，図11・4Bの加速度のパターンと比較すると，力の向きのパターンが加速度のパターンと同じであることがわかります．

力と加速度の関係

ここでまたサッカーのボールについて考えましょう．キックしてボールを上方に蹴り上げるのではなくて，水平に飛ばしたものとします．空気抵抗や摩擦は無視します．

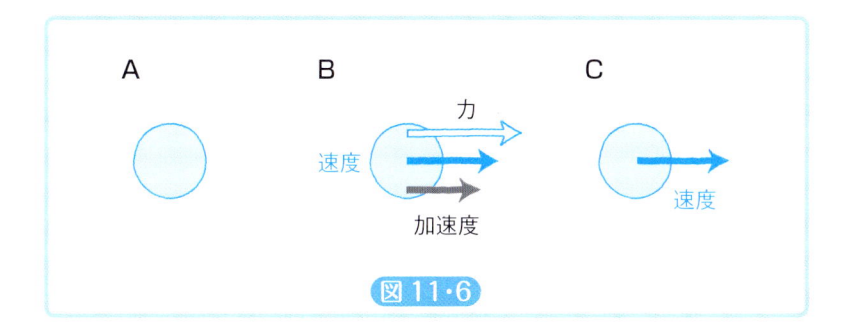

図11・6

ボールがグラウンドに置いてあります（図11・6A）．

選手がキックしました．キックしている最中を模式的に描くと図11・6Bのようになります．キックしたので力が作用します．これを白の矢印で示しました．このとき同時に加速度が生じます．加速度は灰色の矢印で示しました．本当は3つの矢印を同じ場所に描けばよいのですが，みづらいので少しずらしています．力の矢印と加速度の矢印が同じ方向であることに注意してください．

図11・6Cはキックが終了してからの模式図です．図11・6Bで加速度が生じたので，速度が発生しました．しかし，力の作用がなくなると，加速度もなくなります．このように，力が作用している瞬間に物体には加速度が生じます．

加速度は力に比例します[*2]．質量が大きいと加速度は生じにくくなり，質量が小さいと同じ力でも大きな加速度が生じます．すなわち，加速度は物体の質量に反比例します．式で書くと $\alpha = F/M$ となります．α は加速度，F は力，M は質量です．

[*2] 加速度は力に比例します．これを式に表したものが $\alpha = F/M$ です．M は力を受ける物体の質量ですから，同じ力 F が働いたとすると，分母にある質量が2倍，3倍になると，加速度は1/2，1/3になり，質量が1/2，1/3になると加速度は2倍，3倍になります．

加速度と力の成分表示

これまでに学習した通り，加速度はX，Y，Zの3つの成分をもっています．同じく力も3つの成分をもちます．質量は1つの値で成分をもちません．物理では，矢印で表現できて成分をもつものをベクトルといい，矢印で表現できない1つの数値はスカラーと呼びます．位置や速度，加速度，力はベクトル，質量はスカラーです．

力と加速度の関係を成分で表示すると以下のようになります．

$$\alpha_x = F_x/M$$
$$\alpha_y = F_y/M$$
$$\alpha_z = F_z/M$$

この式は，力のX成分はX軸方向の加速度を生じ，Y成分はY軸方向の加速度，Z成分はZ軸方向の加速度を生じさせることを示しています．以上のように，力が加速度を生み出す[*3]という物理法則をニュートンの運動の法則と呼びます．

[*3] 物体に力が働くことによって，速度が変化します．言い換えれば，力が働かなければ速度は同じで，一定の速度で動き続けるか，静止していたならば静止したままです．

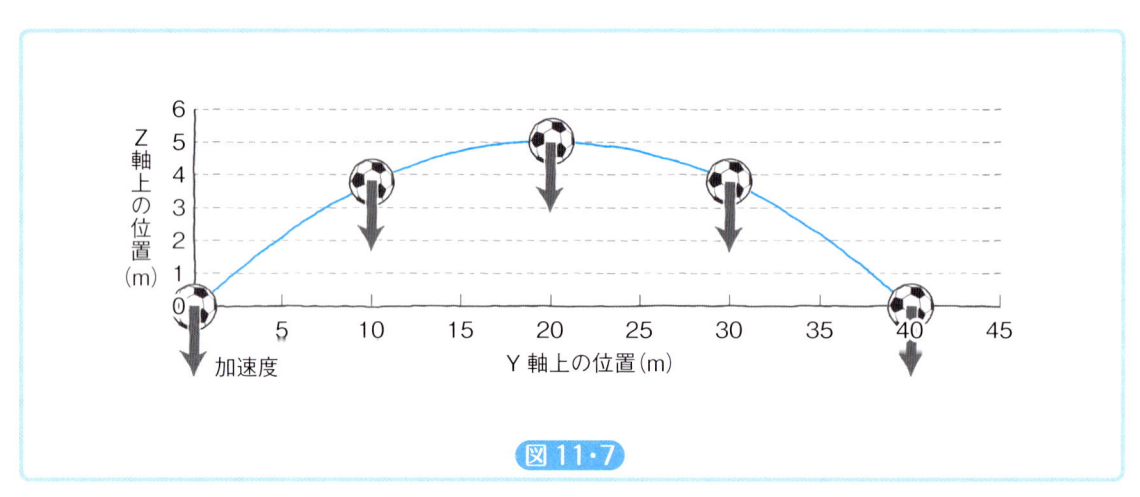

図11·7

空中を飛ぶボールの例では，ボールに作用する力は重力です（図11·7）．重力は上下（Z軸）方向の成分しかもちませんから，重力はX軸，Y軸方向の動きには影響しません．重力はつねに下向きに作用するので空中に投げ出されたボールの上昇の動きを徐々に下向きに変える働きをします．

図11・8

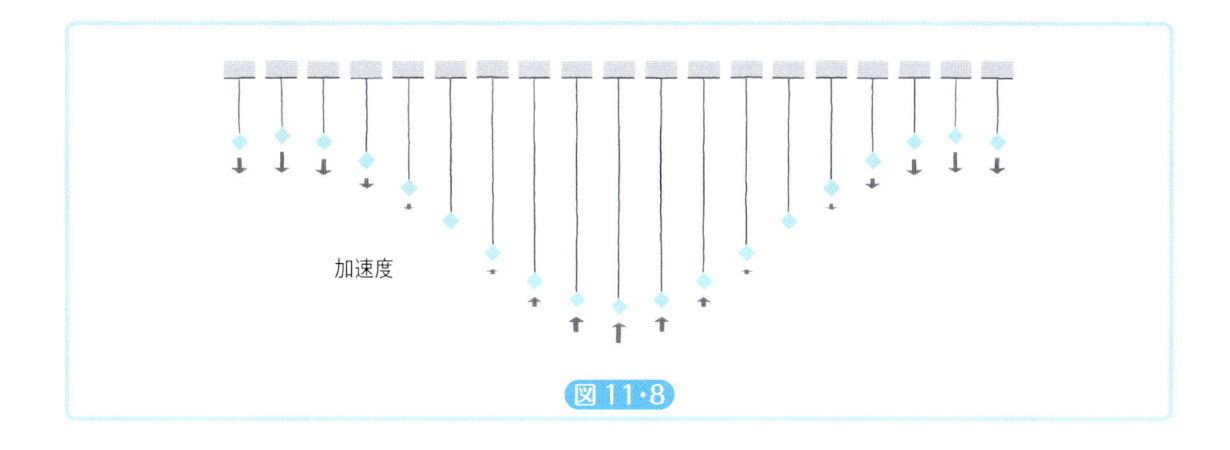

　バネに引かれてボールが上下するときには，ボールに加わる力はバネが引く力と重力です．この場合もどちらも上下方向の成分しかもちません．重力はつねに下向き一定で，バネの力は上向きでバネの長さによって変わります．ボールの動きはこれら2つの力の差によって決まるので，ボールの加速度は時間にともなって変化し，ボールは上下に振動することになります（図11・8）．

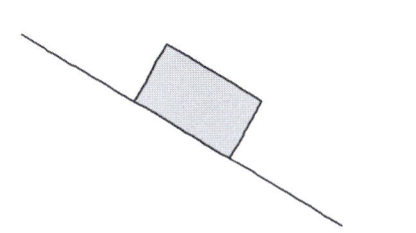

練習問題

　摩擦のない30°の斜面にのっている1kgの物体の加速度を図示しなさい．

11講のまとめ

- 加速度は矢印で表現できる
- 力は矢印で表現できる
- 物体に働く力を矢印で示すと，加速度の矢印と同じ方向を向く
- 物体の加速度は作用する力に比例する
- 物体の加速度は物体の質量に反比例する

12講 力学的仕事とエネルギー

学習の目標

1. 力学的仕事について説明できる
2. 位置エネルギー，運動エネルギーについて説明できる
3. 力学的仕事とエネルギーの関係について説明できる

力学的仕事

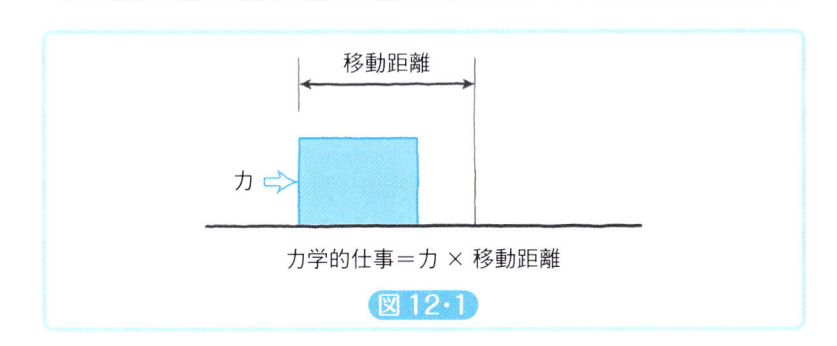

図 12・1

床に置かれた物体に力を加えながら水平に移動させることを考えます．このとき「力 × 移動距離」を力学的仕事[*1]と呼びます（図 12・1）．仕事の単位は J（ジュール）です．計算で得られる数値が J になるためには，力を N（ニュートン）[*2]で表し，移動距離を m（メートル）で表しておく必要があります[*3]．

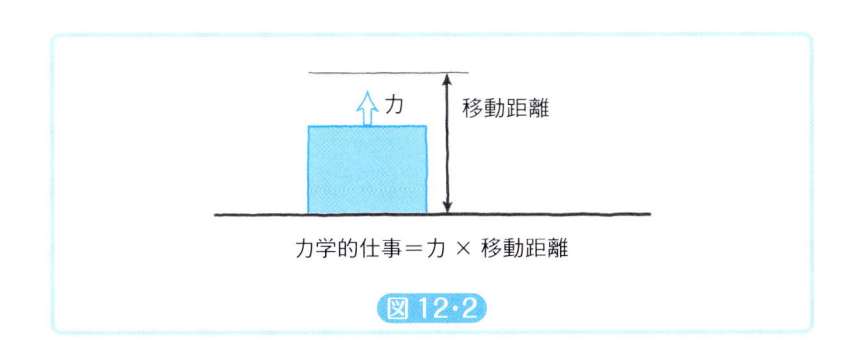

図 12・2

→ ジムなどで重りをもち上げることで筋力トレーニングなどを行います．重りの重さと移動距離で仕事が計算されます．

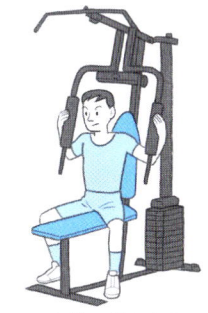

[*1] ここには，どれくらいの時間で移動したかは，考慮されていません．また，力を入れていても動かなければ移動距離は 0 m ですので，力学的仕事はなされなかったことになります．

[*2] 力の単位としての N（ニュートン）を覚えていますか．忘れていたら 1 講を復習．

[*3] 力学的仕事とは力 × 移動距離で表されます．単位は力を N（ニュートン）で表し，移動距離を m（メートル）で表します．力学的仕事の単位は J（ジュール）です．たとえば，ある物体に 2 N の力を加えながら 5 m の距離を移動したとすると 2 N × 5 m = 10 Nm になりますが，これを 10 J（ジュール）と呼びます．

今度は水平移動ではなくて，真上にもち上げることを考えます（図12・2）．物体の質量を 1 kg とすると，もち上げるのに必要な力は最低でどれくらいですか．1 kg の物体にかかる重力は約 10 N ですから，最低で約 10 N あればもち上げられることになります．重力とつり合うだけの力ではもち上がらないのではないかと思うかもしれませんが，ほんの少しだけでも重力より大きければ動くので，最低 10 N あればよいと考えます．

このときの力学的仕事は 10 N × 移動距離 [m]（もち上げた高さ）になります（図12・2）．

移動距離を 1 m とすると，加えた力は 10 N なので，両者をかけ合わせると 10 J になり，誰かがこの物体に対して 10 J の力学的仕事をしたと表現できます．物理学では，物体に対して力学的仕事をすると「その物体のエネルギー[*1]が増える」と考えます．この場合，もち上げられた物体に 10 J の力学的仕事を加えたので，この物体は最初の時点より 10 J だけエネルギーが増加したということができます．エネルギーの単位は力学的仕事と同じ J（ジュール）です．

[*4] 仕事とは，その物体に対して行われたことの大きさを示し，エネルギーは，もらった分の仕事すなわちその物体がこれからすることができる仕事の大きさを示します．

位置エネルギー

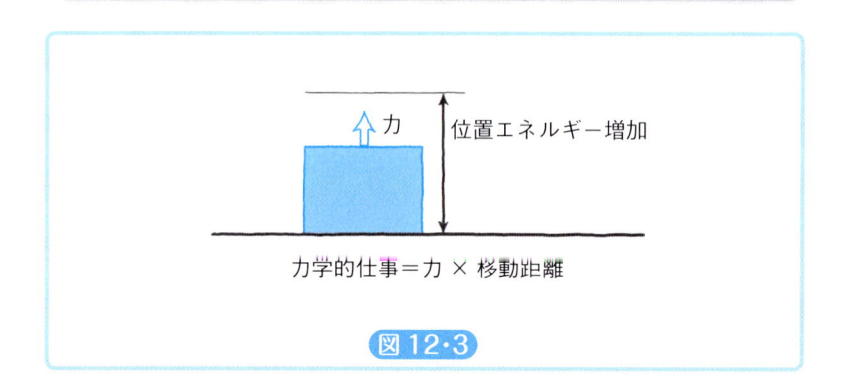

図12・3

物体を真上にもち上げたときの力学的仕事を一般的に書くと，質量をM [kg] とし，重力加速度を g （ジー，9.8 m/s^2）とすると

力学的仕事 = もち上げる力 × 移動距離
 = M × g[*5] × 移動距離

この場合，移動距離は物体の最初の高さと最後の高さの差なので，

力学的仕事 = M × g × 物体の高さの変化[*6]

この分だけ物体のエネルギーが増加したといえます．このときの物体のエネルギーを位置エネルギーと呼びます．高いところにある物体は，そ

[*5] M × g が地球がその物体を引く力で，日常生活では重さと表現されるものです．

[*6] 物体をまっすぐに上方にもち上げたときの力学的仕事は，力学的仕事 = M × g × 物体の高さの変化，すなわち，M × g × H．ここで，M は物体の質量，g は重力の加速度，H は高さの変化．

れだけでエネルギーが高いと考えます（**図 12・3**）．高いところにある物体は，過去に誰かがその位置までもち上げる力学的仕事をしたと考えるのです．通常は地面の高さを基準として考え，物体の高さをH[m]とすれば，

$$位置エネルギー^{*7} = M \times g \times H$$

で表せます．

*7 もち上げられたことによって，物体は位置エネルギーを獲得したということがいえます．獲得した位置エネルギーの大きさは，その物体をもち上げるために行われた力学的仕事に等しく，位置エネルギー ＝ M × g × H．

運動エネルギー

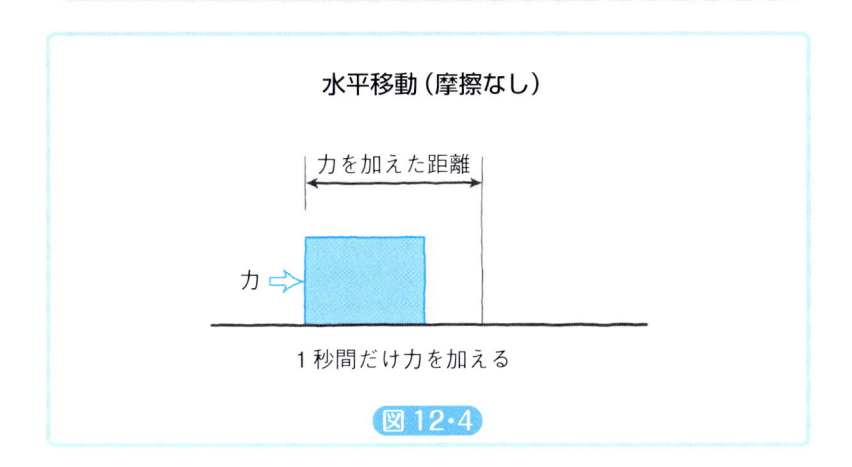

水平移動（摩擦なし）

力を加えた距離

力 →

1 秒間だけ力を加える

図 12・4

もう一度水平移動に話を戻します．摩擦のない床の上でM[kg]の物体を一定の力F[N]で 1 秒間だけ押したとします（**図 12・4**）．1 秒を過ぎると力は作用しなくなるのですが，床には摩擦がないので，ここから一定の速度で物体は床の上をすべっていくことになります．1 秒後の速度をV[m/s]とします．このときの物体になされた力学的仕事は以下の式で示すことができます（式の求め方については次ページ参照）．

$$力学的仕事^{*8} = M \times 1/2 \ V^2$$

最初，物体は静止していたので，V ＝ 0 です．速度がV[m/s]のときには，加えられた力学的仕事の分だけエネルギーが増加したと考えます．このエネルギーを運動エネルギーと呼びます．

*8 運動エネルギー
　　＝ M × 1/2 V²

【応用編】

水平移動（摩擦なし）

加速度＝F[N]／M[kg]

これが1秒間続くので，V[m/s]＝加速度×1秒

図12・5

　質量M[kg]の物体に一定の力F[N]が1秒間だけ加えられたとき，物体になされた力学的仕事を知るためには移動距離を知る必要があります．そこでまず，1秒後の物体の速度を考えます（**図12・5**）．

　質量M[kg]の物体に力F[N]を加えたのですから，加速度は

　　　　加速度 ＝ F[N] ／ M[kg]

です．これが1秒間続くのですから，速度V[m/s]は

　　　　V[m/s] ＝ 加速度 ×1秒

水平移動（摩擦なし）

移動距離＝平均速度×時間

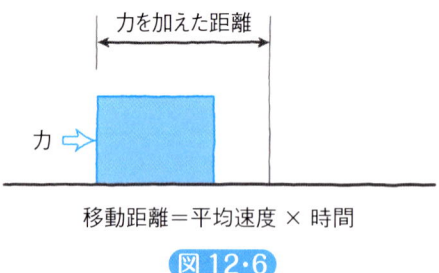

図12・6

　最初の速度はゼロで，1秒後にV[m/s]になり，この間は一定の割合で速度が増加していたのですから，この間の平均速度はV/2 [m/s]となります（**図12・6**）．この平均速度で1秒間移動したので

　　　　移動距離 ＝ 平均速度 ×1秒間 ＝ (V/2) ×1秒

また，すでに述べたようにV[m/s] = 加速度 × 1秒，加速度 = F[N] / M[kg] なので，

$$V[m/s] = F[N] / M[kg] × 1秒$$

より，

$$F[N] = V[m/s] × M[kg] / 1秒$$

です．したがって，この間の力学的仕事は

$$F × 移動距離 = V[m/s] × M[kg] / 1秒 × (V/2) × 1秒$$
$$= (M[kg] × V^2[m/s]) / 2$$

この物体には上記の力学的仕事が加えられました．その量は（M[kg] × V²[m/s]）/ 2です．これを運動エネルギーと呼びます．

力学的エネルギー保存の法則

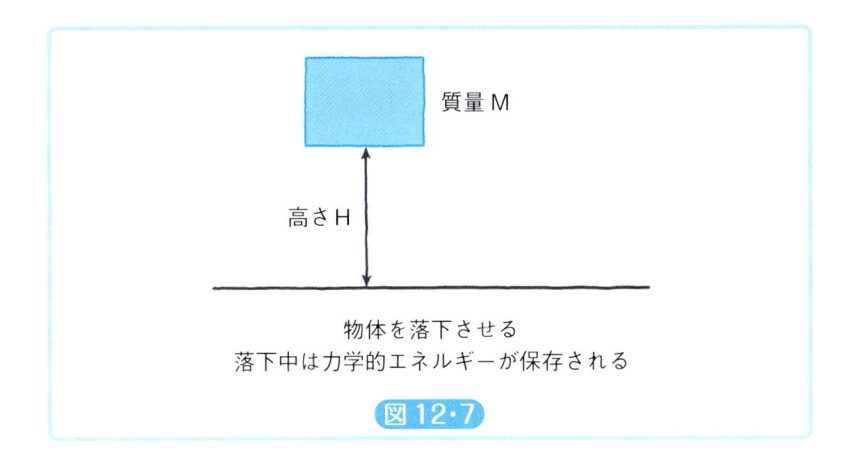

物体を落下させる
落下中は力学的エネルギーが保存される

図12·7

また鉛直移動の話です．高さH[m] にある質量M[kg] の物体を真下に落としました（図12·7）．落ちる最中にはつねに重力M[kg] × g[m/s²] の力がかかっています．重力がかかっている状態でH[m] だけ鉛直移動して地面に戻るのですから，この間になされた仕事は

$$力 × 移動距離 = M × g × H$$

高いところにある物体は，落ちるまでに上記の力学的仕事をすることができます．これが位置エネルギーです．

地面につく瞬間に位置エネルギーはゼロになりますが，その代わりに速度を得ることができます．これが運動エネルギーです．地面に接地する直前の速度をV[m/s] とすると

$$\text{運動エネルギー} = M \times 1/2 \ V^2$$

このとき位置エネルギーはゼロなので以下の式を得ることができます．

$$M \times 1/2 \ V^2 = M \times g \times H$$

　この式から物体が地面に落ちる瞬間の速度を計算できます．両辺に質量 M[kg] が含まれているので，両辺を M で割ると，地面に落ちるときの速度は高さ H[m] のみによって決まり，物体の質量には影響を受けないことがわかります．また上記の式は位置エネルギーが運動エネルギーに変換される（逆も同様）ことを示しています．落ちている最中は位置エネルギーは適当な値をもち，運動エネルギーも適当な値をもちます．この両者を合計した値は，上記の式の右辺（左辺も）と同じ値になります．このように空中にあって，重力しか作用しない物体の位置エネルギーと運動エネルギーの合計はつねに一定の値をもちます[*9]．これを力学的エネルギー保存の法則といいます．

[*9] 先の式で，地面の高さを 0 m，一番高い高さのときの速度を 0 m/s と考えると，この式は
$$M \times 1/2 \ V^2 + M \times g \times 0$$
$$= M \times 0^2/2 + M \times g \times H$$
と書くことができます．

空中を飛ぶボールの力学的エネルギー

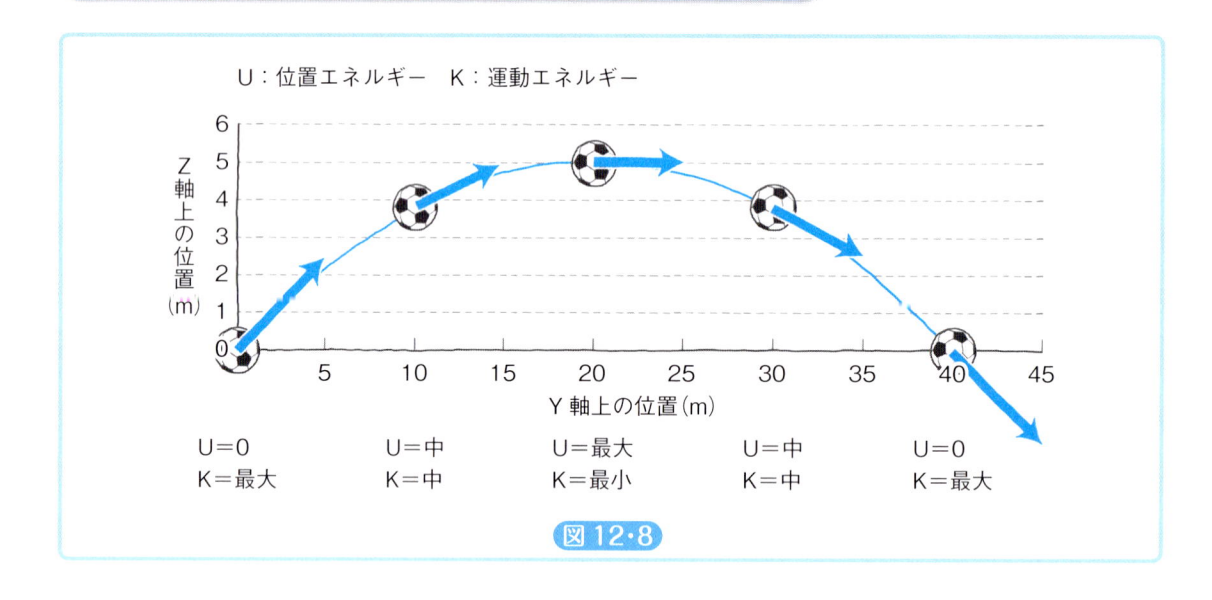

U：位置エネルギー　K：運動エネルギー

Y軸上の位置	U	K
0	U=0	K=最大
10	U=中	K=中
20	U=最大	K=最小
30	U=中	K=中
40	U=0	K=最大

図 12・8

　サッカーボールの力学的エネルギーについて考えてみましょう（図12・8）．センターマークに置いたボールをキックして，ボールが空中を飛んでいるものとします．空気抵抗と摩擦は無視します．キック直後はボールは地面付近にあるので位置エネルギーはゼロです．運動エネルギーはこの期間中の最大値を示します．ボールが上昇するにしたがって位置エネルギーは増加していきます．それにしたがって運動エネルギー

は減少します．

　やがてボールの高さは最高点に達します．このとき位置エネルギーはこの期間中の最大値を示します．運動エネルギーは最小値を示しますが，ゼロにはなりません．なぜなら，この時点で速度のZ軸成分はゼロですが，Y軸成分はゼロではないからです．やがてボールが下降するにしたがって位置エネルギーは減少します．減少した分だけ運動エネルギーは増加します．着地点に達する直前に位置エネルギーはゼロになり，運動エネルギーは最大値を示します．つまりキック直後の速度と同じ速度で地面に戻ってきます．この期間中，位置エネルギーと運動エネルギーを足した量は，キック直後の運動エネルギーの値と等しくなります．

振り子の力学的エネルギー

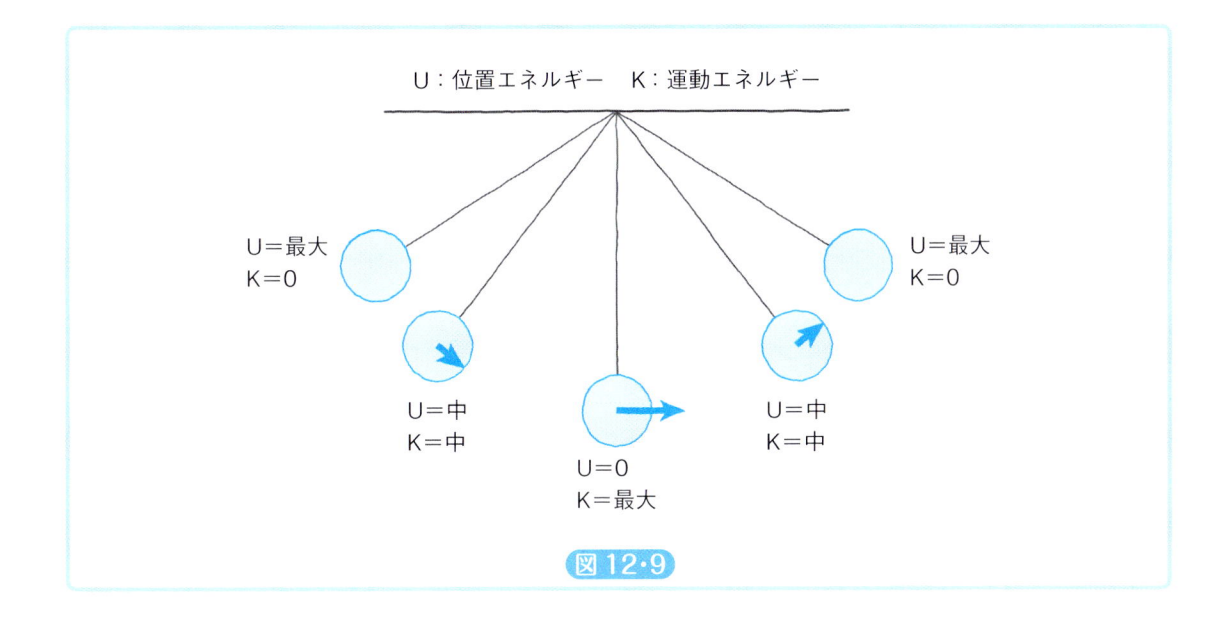

U：位置エネルギー　K：運動エネルギー

U＝最大　　　　　　　　　　　　　　　　U＝最大
K＝0　　　　　　　　　　　　　　　　　　K＝0

U＝中　　　　　　　　　　　　　　　　　U＝中
K＝中　　　　　　　　　　　　　　　　　K＝中

U＝0
K＝最大

図12・9

　ひもでつり下げられている振り子の位置エネルギー，運動エネルギーを考えてみましょう（**図12・9**）．左端に振れきった時点では，動きが一瞬止まるので運動エネルギーはゼロになります．高さは最高点なので，位置エネルギーはこの動きの中の最大値を示します．やがて重りが下降すると位置エネルギーが減少し，その分の運動エネルギーが増加します．

　最下点では（この高さを基準と考えると）位置エネルギーはゼロになります．運動エネルギーはこの運動中の最大値を示します．重りはやがて中央から右に移ります．高さが徐々に上昇し位置エネルギーが増加します．それにしたがって運動エネルギーは減少します．右端に振れきった地点では動きが一瞬止まり，運動エネルギーはゼロになります．位置

エネルギーは最大値となります．つまり，重りは左端にあったときと同じ高さまで上昇することになります（図12・9）．

振り子のひもの長さは一定ですので，左端と右端の高さが同じということは，左右の振れ幅も左右で同じということになります．振り子運動でも位置エネルギーと運動エネルギーを足した量は増加したり減少したりせずに保存されます．したがって摩擦や空気抵抗がないかぎり振り子は動き続けます．

重力を利用した動き

上記の振り子の動きは重力によって生まれます．同じように重力を利用した動きは，日常生活のいろいろなところでみられます．たとえば，ブランコやジェットコースターは重力を利用した乗り物です．ブランコもジェットコースターも上下動しますが，一番高いところでゆっくり動き，低くなると速くなります．摩擦や空気抵抗がなければ，ブランコやジェットコースターはいつまでも動き続けますが，実際には摩擦があるので止まらないように人が漕いだりモーターを使ったりして動かします．

A　歩行中の重心位置

B　歩行中の重心の動き

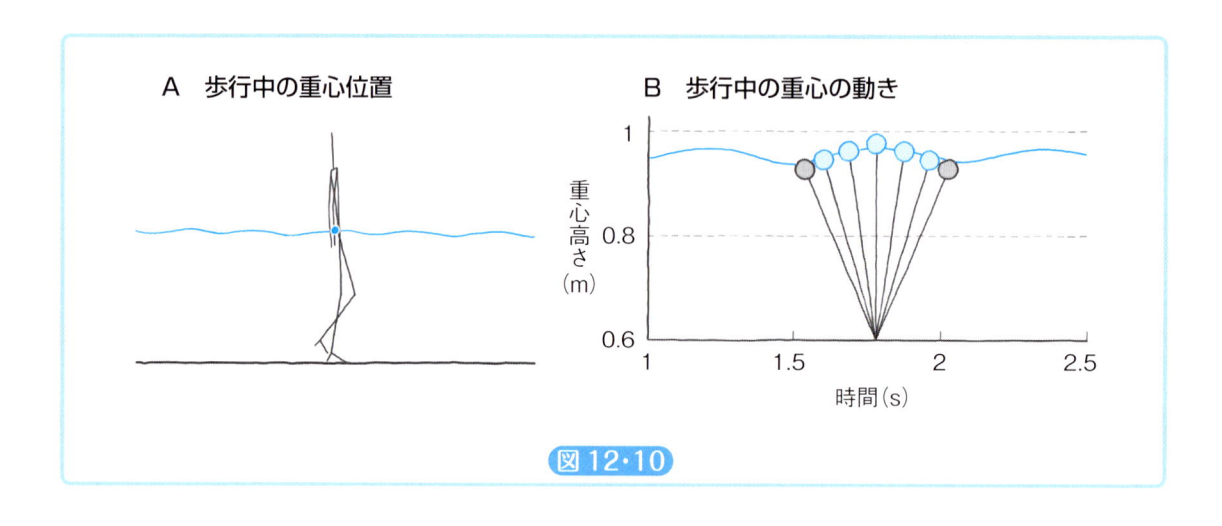

図12・10

図12・10Aは人が歩いているときの重心の動きです．図中の青い線が重心の軌跡（動いた跡）を示します．重心は高くなったり低くなったりして動きますが，一番高いのは1本の足で立っている単脚支持期です．単脚支持期では，高いところにある重心が足関節を中心として回転していくとみることができます（図12・10B）．物理学ではこのような動きを倒立振り子と呼びます．歩行中の重心の動きを調べてみると，一番高いところで進行方向の速度がもっとも遅くなり，低いところでもっとも

速くなることがわかります．人の歩行では重力以外の力も作用するため力学的エネルギーが保存されるとはいえませんが，人は重力を利用して歩いていることがわかります．

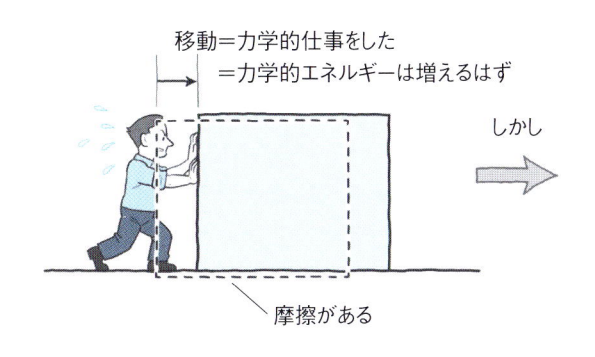

> [!NOTE] コラム
>
> ### 摩擦がある場合
>
> 移動＝力学的仕事をした
> ＝力学的エネルギーは増えるはず
>
> 摩擦がある
>
> しかし
>
> 押すのを止める＝物体は動きを止める
> ＝運動エネルギーはゼロ
>
> 位置エネルギーもゼロ
> ⇨エネルギーは増加していない
>
> 動かしたのになぜエネルギーは増加していないのか？
>
> 押しているときに
> 摩擦が反対に働いていた
> ＝摩擦が仕事をしていた
>
> 　床に置かれた物体に力を加えて移動させたとします．物体と床との間には摩擦があるとします．このような場合には力が作用しても物体に加速度は生じません．実際には生じないわけではないのですが，物理学の問題としては加速度は生じないと考えるのが常識的な考えです．押す力とほぼ同じ大きさの摩擦力が生じるので，押す力をキャンセルしてしまう（と考える）のです．キャンセルしたら物体は動かないではないかというかもしれませんが，きわめてゆっくり動くと考えてください．
>
> 　さてこのとき，この物体を押した人は，力を作用させて物体を移動させたのですから，力学的仕事をしたことになります．したがってこれまでの説明では，この物体の力学的エネルギーは増加するはずです．しかし実際には押すのをやめた瞬間に物体は動きを止めますから運動エネルギーはゼロです．また高さも変わっていませんから位置エネルギーも増加していません．したがって力学的仕事がなされたのにもかかわらず，エネルギーが増加していないことになります．
>
> 　これはいったいどうしたのでしょうか．実はこの物体を押している最中に押した力と逆向きに摩擦力が働いていました．摩擦力を生じさせているのは床面ですから，床面が仕事をしたと考えるのです．しかも摩擦力は動きの方向と正反対です．このような場合は「負の仕事」をしたと考えるのです．この負の仕事が正の仕事を打ち消してしまい，エネルギーが増加しないのです．

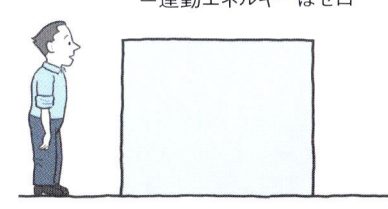

コラム　仕事率

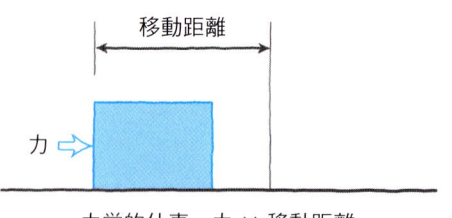

力学的仕事 ＝ 力 × 移動距離
仕事率 ＝ 力学的仕事/経過時間

　床面に置いた物体に力を加えて移動させたら，物体に加えられた仕事は，力×移動距離で計算できるとお話ししました．この話の中では，時間の概念が一切含まれていません．この仕事を3秒間ですまそうと，20年かかってやろうと，仕事は力×移動距離という「結果」だけで表現できます．しかし，力学的な作業を考える際に，時間の要素が重要になる場合があります．そのため，なされた仕事を，仕事に要した経過時間で割り算をすると，どのくらいの活動度で仕事を遂行したかが判断できます．これが「仕事率」です．時間を秒で表せば，仕事率は1秒当たりの仕事の量になり，単位はW（ワット）になります．仕事率は仕事を時間で割り算したものなので，別な見方をすると，力×移動距離÷時間となり，この式の後半は速度なので，仕事率＝力×速度とも表現できます．

練習問題

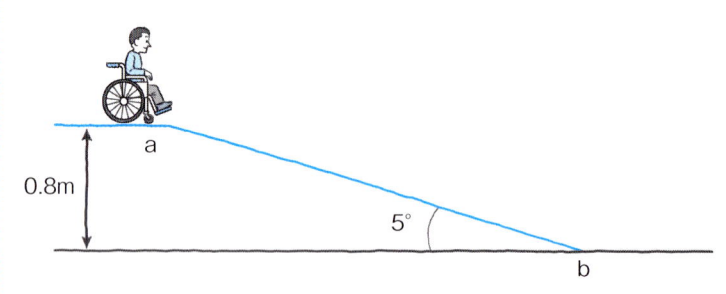

　斜度5°で高さ0.8 mの斜面を，50 kg（体重＋車いす）の人がa地点から静かにすべりだしました．b地点における車いすの走行速度はいくらでしょう．ただし車いすの摩擦抵抗と空気抵抗は無視します．また，車いすは駆動しません．重力加速度は10 m/s^{2}として計算しなさい．　　　　　　　　　　（国家試験問題）

12講のまとめ

- 位置エネルギーは質量と高さで決まる
- 運動エネルギーは質量と速度（の2乗）で決まる
- 位置エネルギーと運動エネルギーの和を力学的エネルギーという

13講　浮力と水の圧力

> **学習の目標**
> 1. 圧力について説明できる
> 2. 浮力について説明できる
> 3. 水の抵抗について説明できる

圧　力

クイズ①

10cm×10cm×10cm

- 空気1ℓ(リットル)の重さは約何gですか

    1kg
    1g
    0.1g
    0.01g
    0.001g

クイズ②

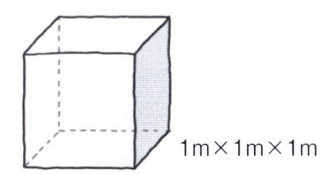

1m×1m×1m

- 空気1立方mの重さは約何gですか

    1kg
    1g
    0.1g
    0.01g
    0.001g

クイズ③

- ジャンボジェット機の機体内部の空気の重さはいくらですか

    2t
    200kg
    20kg
    2kg

図13・1

　クイズ①の1ℓの空気の重さは約1g（正確には1.2g）です．クイズ②では1立方mの空気の重さは，体積が1ℓの1,000倍になるので，約1kgとなります．クイズ③ではジャンボジェット機の機体内部の空気の重さは約2t（トン）です．このように空気の重さは私たちが考えている以上に大きいものです．

図13・2

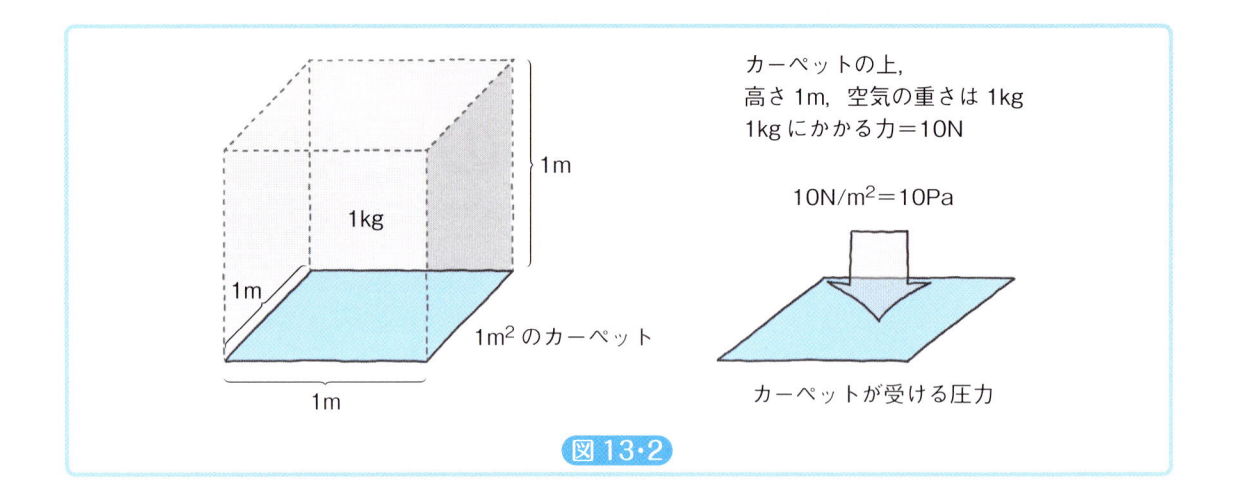

1立方mの空気の重さが1kgということは、仮に1m四方のカーペットを敷いたとして、その上の1mの高さの空気の重さは1kgということです。1kgの重さは力に換算すると約10Nです。このときの圧力[*1]を考えると、圧力は1m²当たりの力ですから、カーペットが受ける圧力は10N/m²となります。圧力の単位はPa（パスカル）で、1N/m²が1Paです。したがってこのときの空気の圧力は10Paです（図13・2）。

大気圧

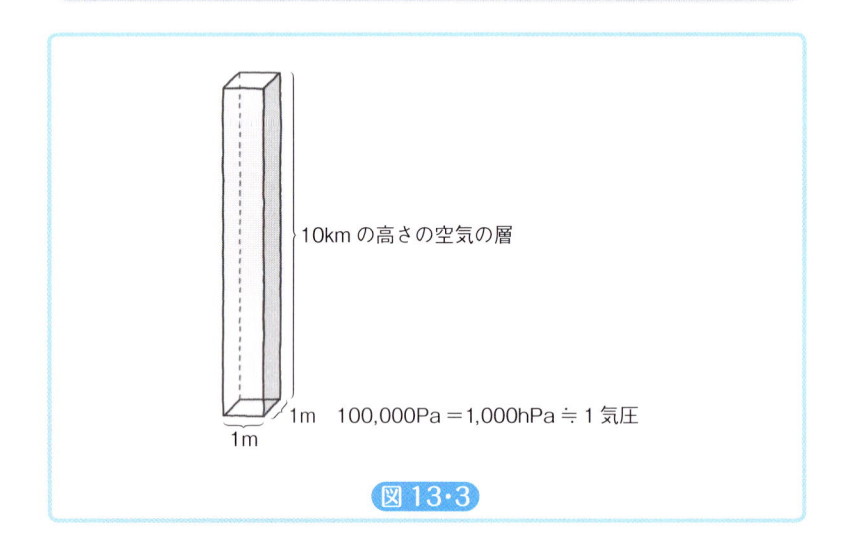

図13・3

地球には10kmから20kmの空気の層が取り巻いています。上にいくほど空気が薄くなりますが、薄くならないものとして換算すると約10kmの空気の層が私達の上にのしかかっています。当然1m四方の

*1 圧力とは、ある面に力が分散してかかっている状態をいいます。その単位圧力の定義は、1m²の面積に1Nの力が分散してかかっている状態をいいますので、1N/m²となり、これを1Pa（パスカル）と呼びます。

▶装具やスプリントでは、力を加えるところにフェルトなどのクッション材を使用する場合があります。皮膚への当たり方によって、同じ力がかかっても、接触面積が小さいと圧力が大きくなります。

▶車いすなどで長時間座っていると、殿部の同じところばかりに力がかかります。ときどき、チルト機構を利用して傾斜させることで、力がかかる場所を移動するだけでなく、広い面積で体重を受けることにより、圧力を低下させるという効果もあります。

カーペットの上にもこの重さがかかっています．1 m の高さの空気の重さが約 1 kg だったのですから，10 km すなわち 10,000 m の空気の層では約 10,000 kg になります．N に換算するには kg の数値を 10 倍すればよいので 100,000 N となります．この重さが 1 m 四方にかかるのですから圧力は 100,000 N/m^2，すなわち 100,000 Pa になります．これが大気圧です（**図 13・3**）．

　大気圧を表示するには Pa の代わりに，hPa（ヘクトパスカル）[*2] が用いられています．

$$1\ hPa = 100\ Pa$$

hPa の単位を使用すると大気圧はおよそ 1,000 hPa です．1,000 hPa を 1 気圧と呼ぶこともあります（正確には 1 気圧 = 1,013 hPa）．

[*2] h（ヘクト）は k（キロ）などと同じ，数字をまとめる記号（接頭辞）です．k（キロ）は 1,000 を表し，h（ヘクト）は 100 を表します．また，M（メガ）は 100 万（1,000 の 1,000 倍）を表します．また，m（ミリ）は 1/1,000，μ（マイクロ）は 1/100 万を表し，c（センチ）は 1/100 を表します．

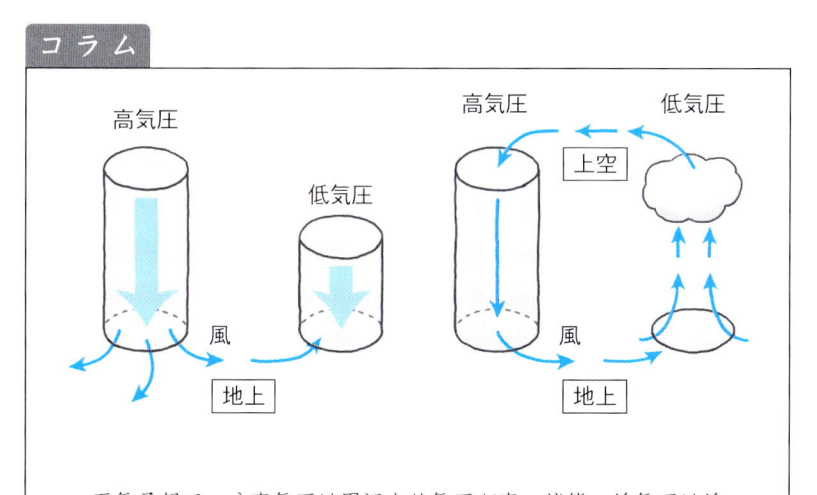

コラム

天気予報でいう高気圧は周辺より気圧が高い状態，低気圧は低い状態です．低気圧の地域では気圧が低いため周辺から空気が流れ込んで上昇するため雲ができやすく天気が悪くなります．

水の圧力

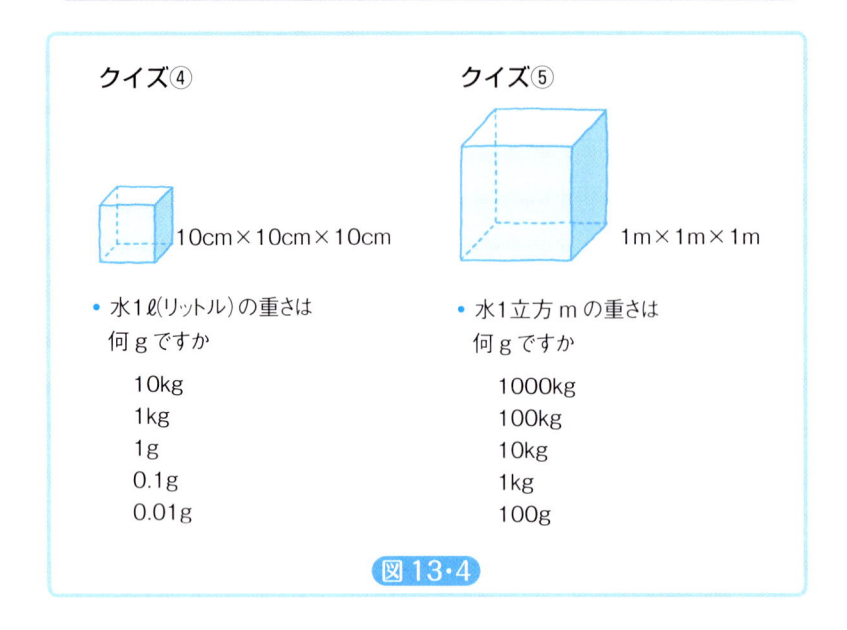

クイズ④

10cm×10cm×10cm

- 水1ℓ(リットル)の重さは何gですか

    10kg
    1kg
    1g
    0.1g
    0.01g

クイズ⑤

1m×1m×1m

- 水1立方mの重さは何gですか

    1000kg
    100kg
    10kg
    1kg
    100g

図13・4

クイズ④：水1ℓの重さは約1kgです．これを空気の重さと比較してみると，空気1ℓは約1gだったので，水は空気の約1,000倍の重さです．逆にいうと空気は水の約1,000分の1の重さです．このように考えると空気1ℓの重さが1gというのも理解できます．

クイズ⑤：1立方mは1ℓの1,000倍ですから，約1,000kg（すなわち1t[*3]）です．

水1m×1m×1mの立方体の下に，1m四方のカーペットを敷くと，そのカーペットの下には，水の重さの分だけで10,000Nの力がかかることになります．圧力では10,000Paです．

水の層の高さが10mだとしたら，重さは10倍になりますから，水の下の圧力は，水の重さの分だけで100,000Paです．100,000Paは1,000hPa，1気圧になります．これに空気の層の重さが加わるのですから，海面から10m下の海底には2気圧の圧力がかかることになります．

[*3] t（トン）は質量の分野だけで使用される数字をまとめる接頭辞で，1,000kgを1tと呼びます．

10km の高さの空気の層＝1 気圧

10m の高さの水の層＝1 気圧

図 13・5

　ここでまた振り返って空気の重さと水の重さを比較してみると，水の重さは空気の重さの約 1,000 倍ですから，空気の層 10 km の重さと，水の層 10 m の重さがどちらも 1 気圧の圧力を生み出していることになります（図 13・5）．

液体の力

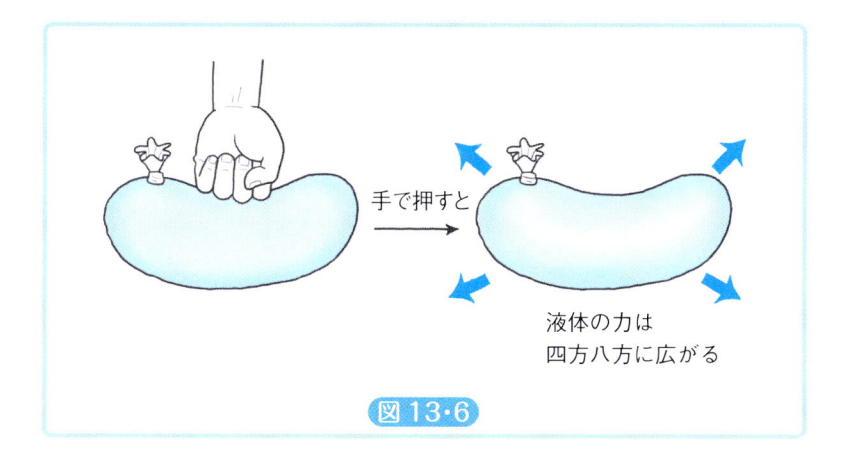

手で押すと　液体の力は四方八方に広がる

図 13・6

　水の入ったゴム袋を指で上から押してみると，ゴム袋は形を変えて横に広がっていきます（図 13・6）．水のような液体や空気のような気体は容易に形が変わります．そのため上から力を加えてもその力は四方八方に広がります．

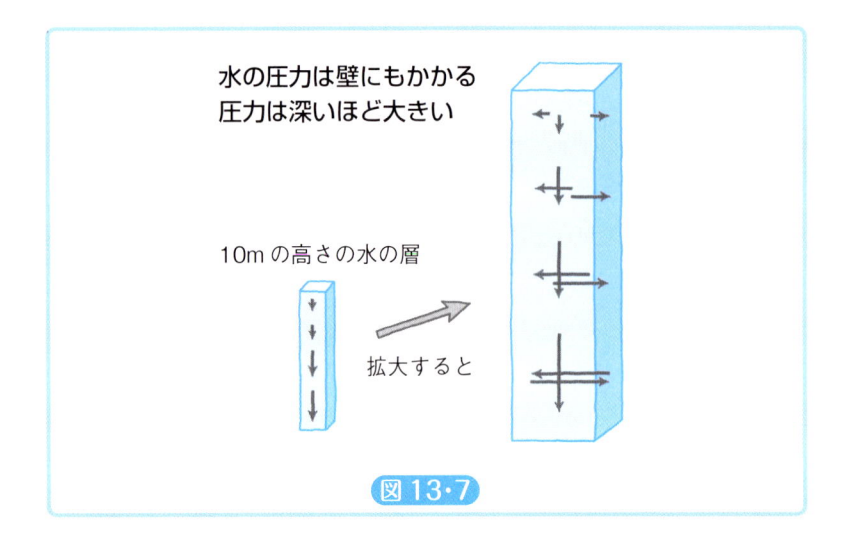

図 13・7

水の圧力は壁にもかかる
圧力は深いほど大きい

10 m の高さの水の層

拡大すると

　水の重力を考えると重力自体は下にかかるのですが，水が横に広がろうとするため，水の層を筒でおおったとすると，水による圧力は筒の底にかかるだけでなく，筒の横の壁にもかかります．当然，横の壁にかかる圧力は水が深いほど大きくなります（**図 13・7**）．

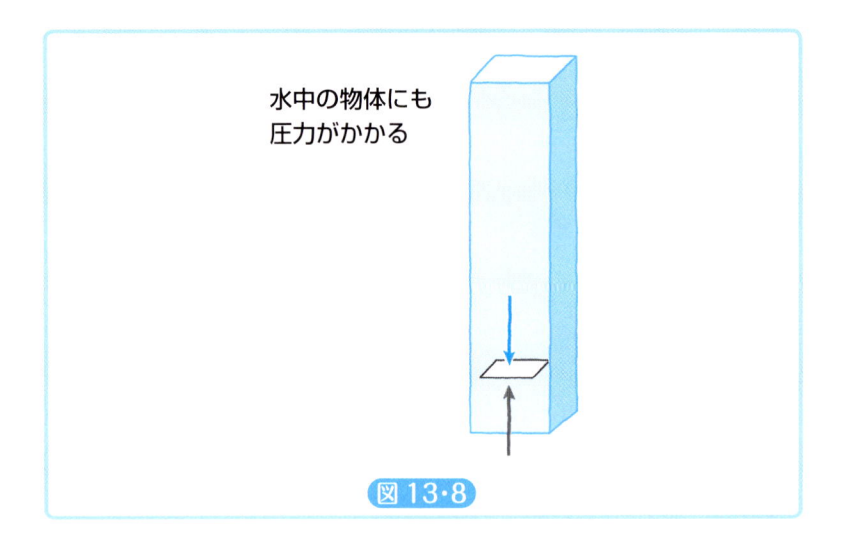

図 13・8

水中の物体にも
圧力がかかる

　水の圧力は底や筒の壁に圧力がかかるばかりでなく，水中の物体にもかかります．たとえば水中にガラス板を置いたとすると，そのガラス板には圧力がかかります（**図 13・8**）．この圧力はもとは水の重さのせいで生じたものですが，だからといって，このガラス板が割れるわけではありません．なぜなら上から圧力がかかるだけでなく，下からもほとんど同じ圧力がかかるからです．液体は容易に形を変えるので，圧力は上からも横からも下からもかかるのです．薄いガラス板は上からも下から

も同じ圧力でサンドイッチされているので，当然のことながら「圧迫」をされていますが，上からだけ力を受けているわけではないのです．

浮　力

水中の水の柱にかかる力

上部の力 A
下部の力 B

AとBの差
（浮力）

重力と浮力が
つり合っている

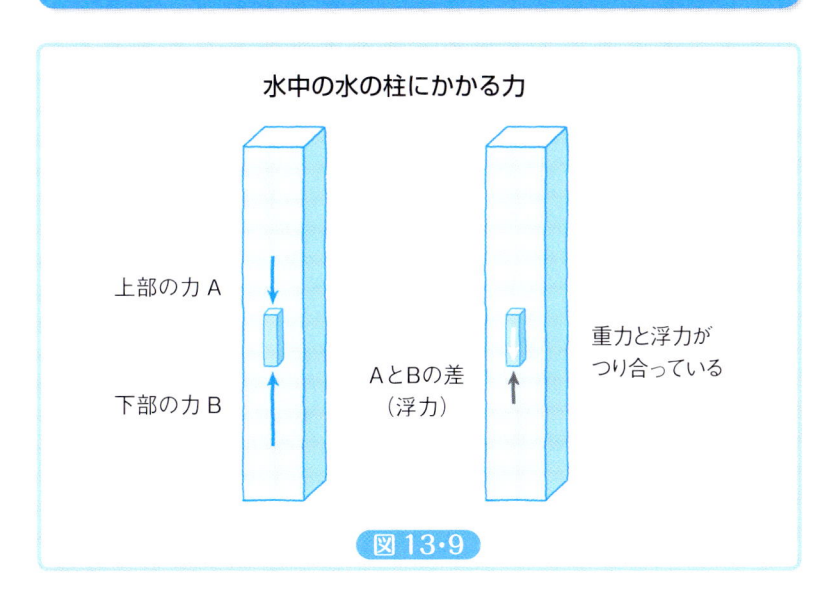

図 13・9

　ここで，水の中に水の柱がある光景を想像してみましょう（**図 13・9**）．水の温度のことを無視して考えると，この水の柱は時間が経ってもずっと同じ場所でとどまっています．しかし，この柱には水の重さがあるので，重力で下に落ちてしまうはずです．重力があるのに下に落ちないのは，重力を打ち消すだけの力が上向きに働いているからです．この上向きの力は，水の柱にかかる重力と同じ大きさです．水の体積が 1ℓ だとしたら約 1 kg の重さ，すなわち 10 N の力です．これが浮力です．重さ 1 kg の水の柱には 1 kg に相当する力（10 N）が上向きにかかるので，水の柱は下に落ちないのです．

　このとき浮力が生じる原因は，水の柱には必ず「高さ」があるからです．柱の上の部分にかかる圧力は小さく，下にかかる圧力はそれよりも大きいです．この圧力差が浮力を生み出すのです．

水中の物体にかかる力

上部の力 A
下部の力 B
AとBの差（浮力）
物体の重さは浮力の分だけ軽くなる

図13・10

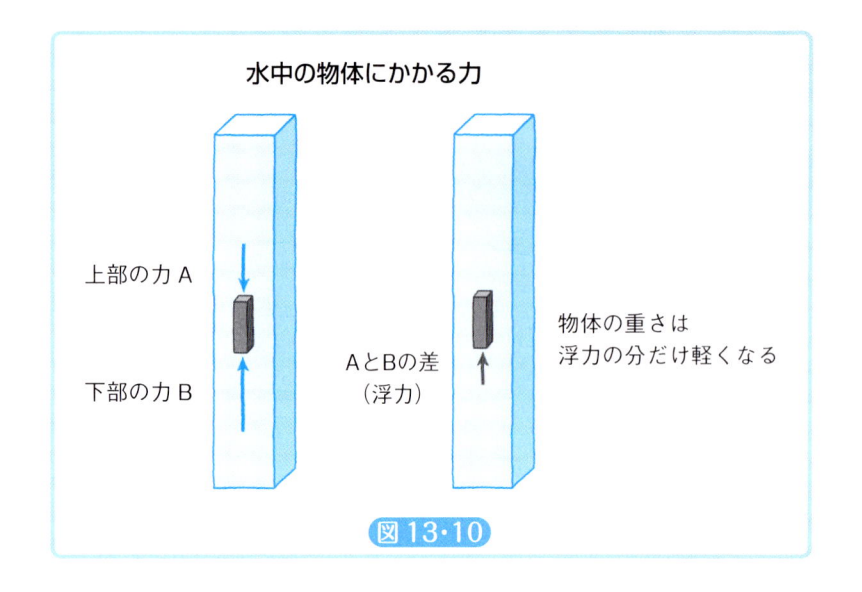

　先ほど水の柱だったところが水の柱でなく水の柱と同じ形をした物体だとしましょう（図13・10）。水の柱には水の柱の重力と同じ大きさの浮力が作用しました。その浮力はまわりの水の圧力によって生じたものでした（図13・9）。

　水の柱だった場所が物体に置き換わったのですから、先ほどと同じ大きさの上向きの力が生じるはずです。これが物体に働く浮力です。浮力の大きさは物体の重さとは関係がなく、先ほどの水の柱に働く重力と同じ大きさです。つまり、物体が押しのけた分の水に働く重力と同じ大きさになります。

　したがって水中の物体の重さは物体の体積と同じ水の重さの分だけ軽くなります[1]。

*1 浮力　液体に沈んでいる物体の体積と同じ液体の重さの分だけ軽くなる。

👉高齢の方などは、立ち上がることが難しくなる場合があります。しかし、お湯をはった浴槽などでは浮力が働きますので、小さな力で立ち上がることができます。

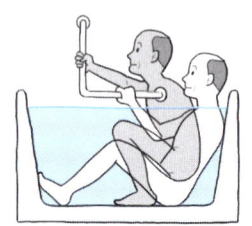

水面に浮いている物体

物体の重さ
＝水中の体積分の水の重さ（浮力）

図 13・11

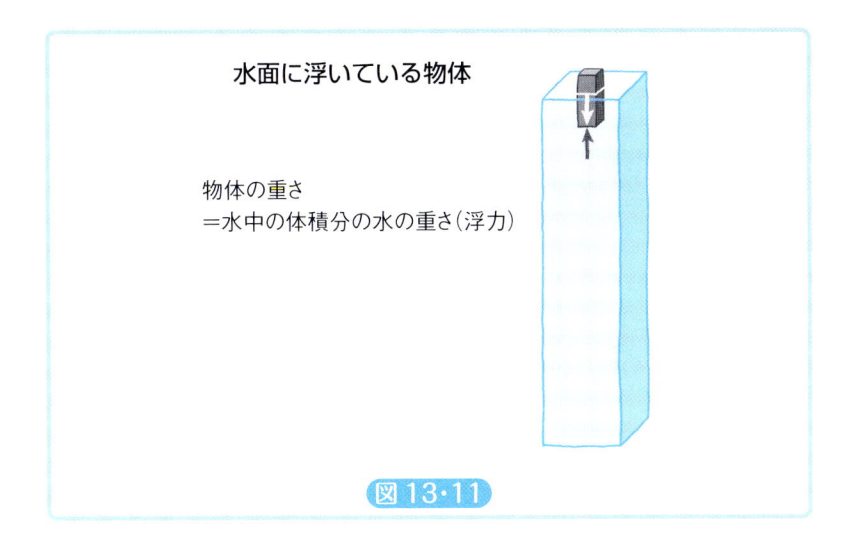

　物体が水に浮いている場合は浮力と物体にかかる重力がつり合っているので，物体の重さは水中に沈んでいる体積の水の重さに等しいことになります（図 13・11）．

　ここでは「水」といいましたが，厳密にいうと，浮力は沈んでいる体積と同じ「液体」の重さになります．したがって液体の重さが重いほど浮力は大きくなります．真水よりも海水のほうが浮力が大きいのは，同じ体積なら海水のほうが重いからです．真水のプールより，海のほうが体が浮きやすいのはそのためです．

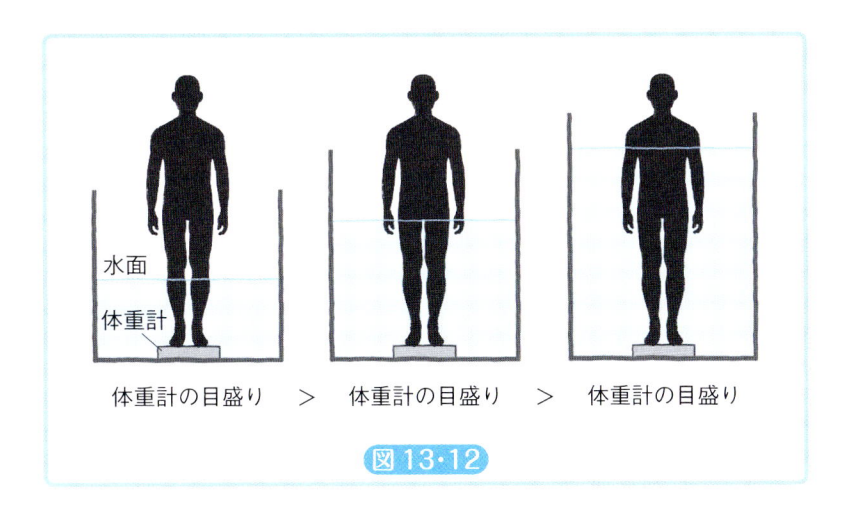

体重計の目盛り ＞ 体重計の目盛り ＞ 体重計の目盛り

図 13・12

　人間が水中で立っている状態で考えると，水面下にある体積が大きいほど体重計の表示が小さくなります（図 13・12）．

水中の抵抗

　水中を歩くと，普通に歩いているときよりも抵抗を感じます．水中の抵抗には，水をかき分けるために起こる抵抗，水面に波をつくるために起こる抵抗，水の摩擦によって起こる抵抗，後にできる渦によって生じる抵抗があります．抵抗の大きさはかき分けるときの前面の面積に比例し，速度の2乗に比例します．

　水泳のクロールでは，腕を前に出すときには水面から出して抵抗を少なくし，前から後ろにかくときには指をお椀のようにして水の抵抗を増やし，その反作用で推進します．水をかくときに指を開いてしまうと抵抗が著しく小さくなってしまい，推進力を得ることができません．オールを使ってボートを漕ぐときには，水中で前から後ろに水をかいて推進し，後ろから前にオールを運ぶ動きは空中で行います．

　水中の抵抗は速度の2乗で大きくなるので，水中でゆっくり歩行しているときは抵抗は大きくはありませんが，急いで歩くと急速に抵抗が大きくなることが実感できます．

👉 水中を歩行することで，水の圧力や抵抗を利用してトレーニングを行う水治療です．

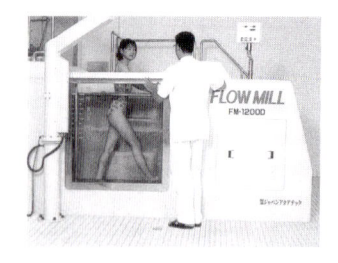

［写真提供：株式会社ジャパンアクアテック］

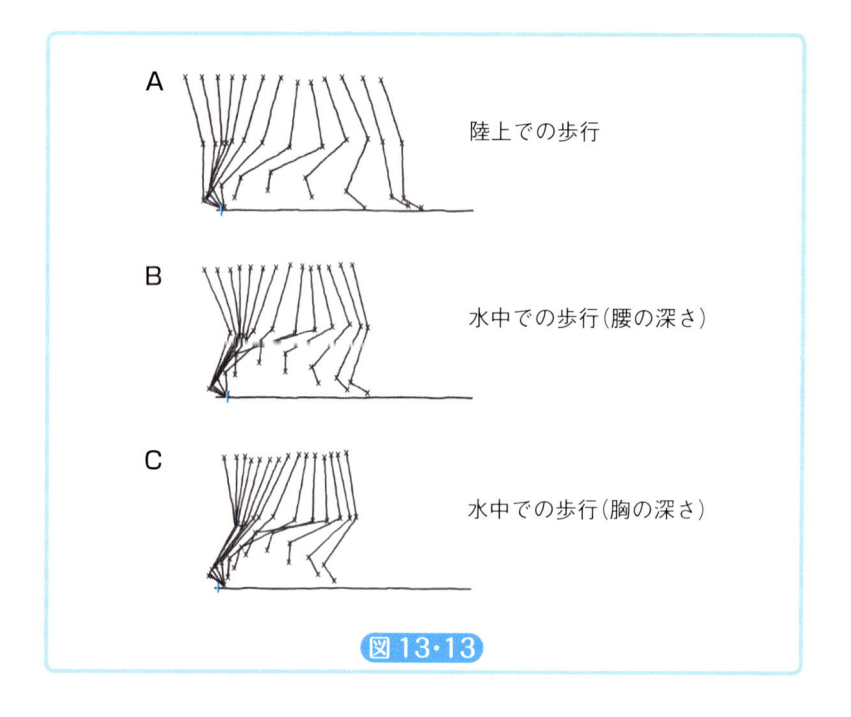

A　陸上での歩行

B　水中での歩行（腰の深さ）

C　水中での歩行（胸の深さ）

図13・13

　図13・13は歩行中の下半身の動きをスティック図で表したものです．図13・13Aは陸上での歩行です．図13・13Bは，腰の深さの水中で速く歩いた様子です．水の抵抗のために歩幅が制限されていることがわかります．図13・13Cは胸の深さの水中を速く歩いています．歩

幅がさらに縮まり，膝を大きく屈曲して膝から下が水の抵抗を受けないように歩いていることがわかります．こうすることによって下肢前面の面積を減らして抵抗を少なくしているのです．

> **コラム**　力を数倍にする装置

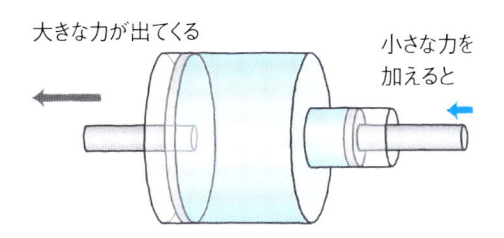

液体が自由に姿を変えることができる性質を利用して小さな力を大きな力に変えることができます．

図では左の大きな筒と右の小さな筒が連結されていて，中には液体が充満されています．右から小さな力でピストンを押し込むと，左のピストンから大きな力を引き出すことができます．これはテコで小さな力から大きな力を生み出すのと似ています．

ただし，右から押し込んで液体を左に押しやった体積と，左端で液体が左に押しやられる体積は同じことに留意してください．

右のピストンの断面積は，左のピストンの断面積よりずっと小さいので（たとえば10分の1），右から10 cm押し込んでも，左のピストンの移動量は1 cmになります．これもテコに似ています．テコでも，力が10倍になれば，移動量は10分の1になります．

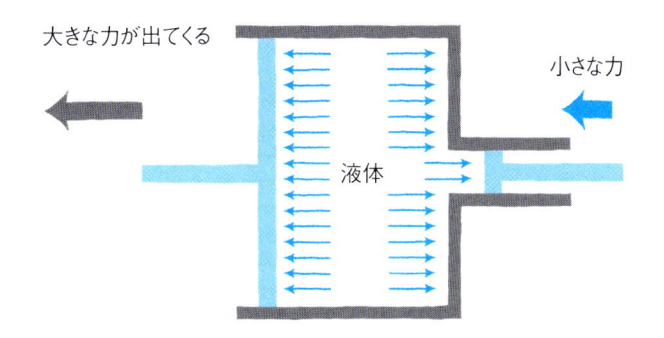

この装置の断面図です．液体が充満している容器内は液体の深さを無視して考えると，どこでも同じ圧力です．液体は自由に姿を変えるからです．

右からピストンで液体を押し込むと，容器内の圧力はその分だけ上昇してピストンを押し返そうとします．この圧力は容器内のどこにでも同じ圧力として伝わります．当然，左のピストンの壁にも伝わります．

圧力は力を面積で割ったものですから，力は圧力にその圧力がかかる面積をかけたものです．左右のピストンにかかる圧力は同一ですが，断面積が10：1だとすると，左のピストンにかかる力は，右の力の10倍になります．こうして小さな力は10倍の力となって取り出されます．

練習問題

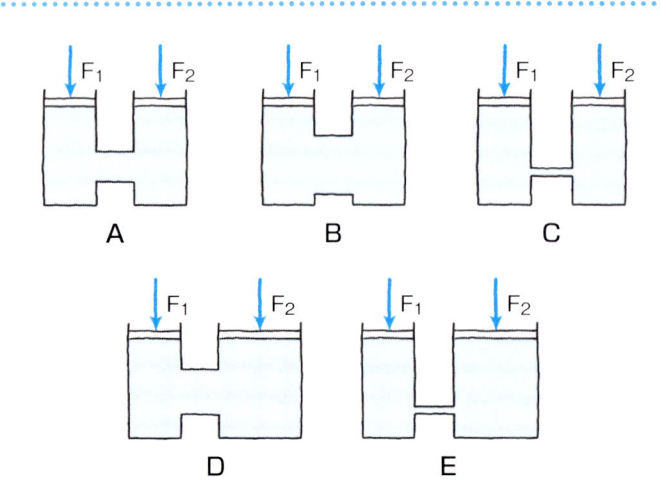

図のように液体が充満している装置に力を加えた場合で，力 F_1 と F_2（$F_1 = F_2$）を加えたときに力がつり合って静止状態となるのはどれか．

13講のまとめ

- 圧力は単位面積当たりにかかる力である
- 浮力は液体の中で物体が受ける上向きの力である
- 浮力の大きさは物体の体積と同じ分の液体の重力である

X講　電気回路

学習の目標

1. 直流と交流の違いが説明できる
2. 電圧と電流の意味が説明できる
3. オームの法則が説明できる
4. 直列と並列が説明できる

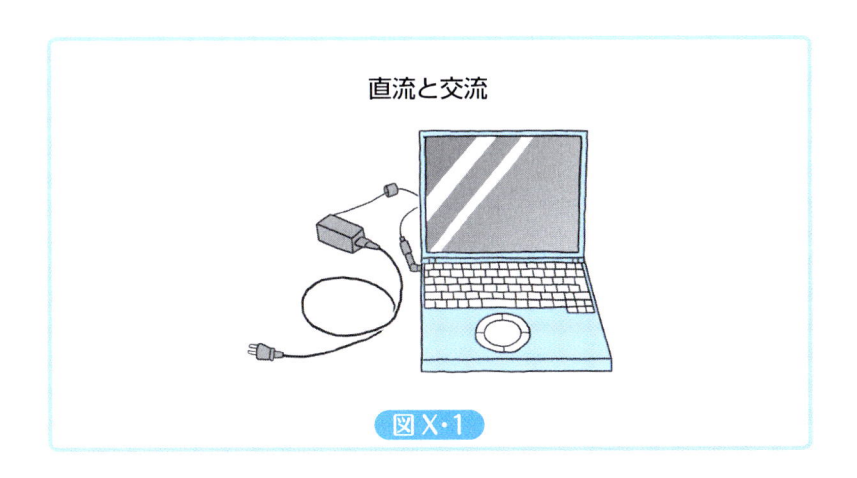

直流と交流

図X・1

　みなさんが使っているノートパソコン（図X・1）には電池（普通はバッテリーといいます）がついています．電池が供給する電気は直流といって，いつも同じ方向に電気が流れています．それに対して家庭用のコンセントから供給される電気は交流です．交流は1秒間に何回も電流の方向が反転します．

　デジタル家電を動作させるのには交流では不便なので，直流を供給するために電池を使うのです．ところが電池が切れてくると，家庭用のコンセントから電気をとります．しかしこれは交流なので，直接パソコンに取り込む前に交流を直流に変換する必要があります．ノートパソコン用の電源コードには図のような小さな箱がついています．この装置で家庭用の100V（ボルト：電圧の単位）の電気を16V程度に落とし，し

かも交流を直流に変えるのです．交流を直流に変えるための部品を整流器（ダイオード）といいます．

発電のしくみ

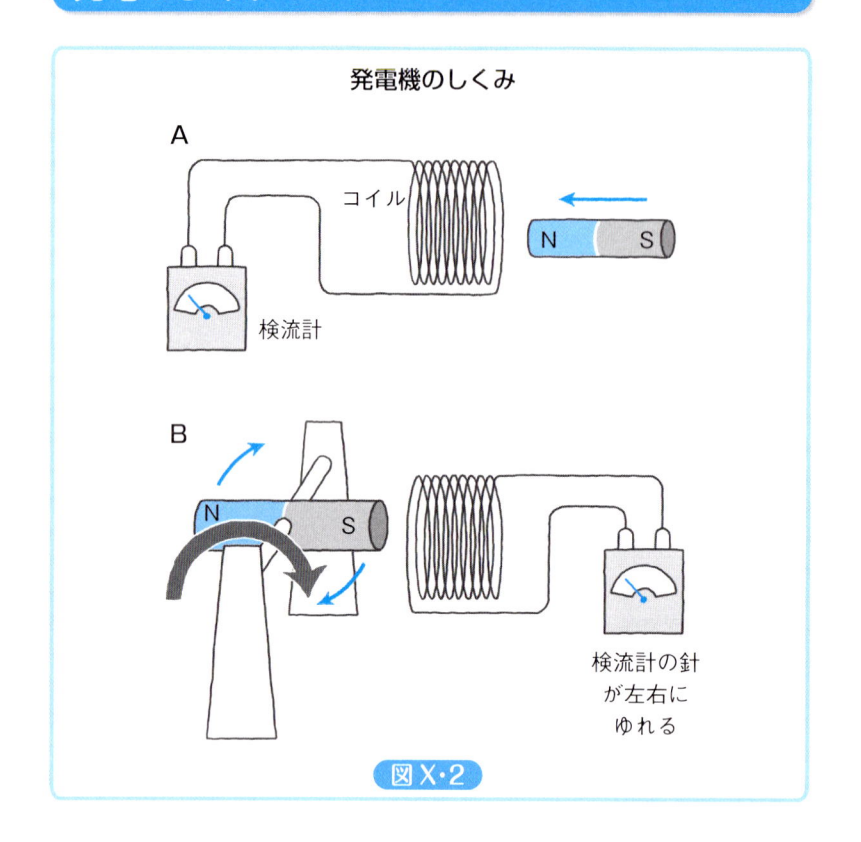

発電機のしくみ

A

コイル

検流計

B

検流計の針
が左右に
ゆれる

図X・2

　電気はどのようにしてつくられるのでしょうか．図X・2Aのように銅線を何重もの輪にしたものをコイルといいます．このときの銅線は絶縁してあり隣り合った輪の間では電気が流れないようにしてあります．このコイルに検流計（微弱な電流を検知する装置）をつなぎます．そうして，このコイルに磁石を素早く近づけたり離したりすると検流計のメーターが振れ，電流が発生していることがわかります．また，近づけるときと離すときでは，メーターの針の振れが逆になるので電流の向きが変わることもわかります．これが，発電機が電気を発生する原理です．
　この仕組みをもう少し洗練させて図X・2Bのようにします．つまり磁石に回転軸をつけて回転させると楽に発電することが可能です．この回転軸を水車に接続して水が落ちる勢いで回転軸を回して発電するのが水力発電所で，ボイラーで水蒸気をつくってその水蒸気で回転軸を回すのが火力発電所です．原子力発電所も火力発電所と同じように熱で水蒸気をつくって回転軸を回します．

この原理のとおりに発電すれば，磁石が回転するたびに検流計の針は左右に振れることになります．すなわち，そのたびに電気の流れる方向が変わることになり，これが交流です．発電所でつくられる電気は交流になります．

電気が届くまで

電気を家庭に送る

図 X・3

　発電所でつくられた電気は送電線を伝わって，各家庭に送られます（図X・3）．この際に送られる電力[*1]は電圧と電流のかけ算で決まります．電圧とは電気を送る圧力，電流は電気の流れの大きさと考えればよいでしょう．電圧と電流の両方が大きければ大きな電力を送電したことになります．別な見方をすると，電流が小さくても電圧が大きければある程度の電力を送ることができますし，電圧が小さくとも電流が大きければこちらもある程度の電力を送電できます．ここで，大きな電流を送るには太い送電線が必要になります．なぜかといえば，細い送電線に大きな電流を流すと，熱を出してしまい損になります．そこで，なるべく電圧を大きくして，少ない電流で決められた電力を送るようにしています．日本では長距離送電には50万Vという高圧の電気を送っており，たいへん危険です．市街地に近づくにつれ低い電圧に落としていますが，それでも町中の電柱には6,600Vの電気が送電されています．最終的に各家庭に分配されるときには電柱の変圧器で100Vにしています．
　このように送電するときはわざわざ高い電圧で送り，各家庭では低い電圧に変えてから電気を利用しているのです．このとき交流電気は変圧器（トランス）を使うと簡単に電圧が変えられます．一方，直流では電

*1　電圧：電気を送る圧力
　　電流：電気の流れの大きさ
　　電力：電圧 × 電流

圧を変えることは簡単ではありません．そこで，各家庭に供給されている電気は交流が使用されているのです．

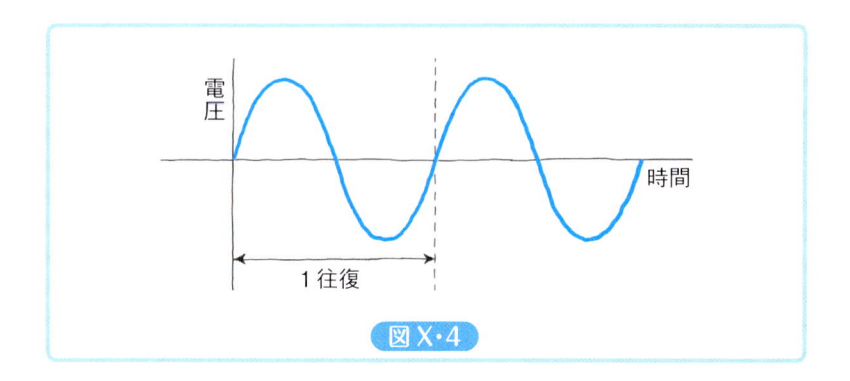

図X・4

家庭の電気コンセントからは交流電気が得られます．差し込み口は2本あって，aの口から電気が流れてbの口から吸い込まれたかと思うと，次の瞬間にはbの口から電気が流れてaの口に吸い込まれていきます．この1往復（**図X・4**）を1回と数えると，東日本では毎秒50回の繰り返しが起こっています．この1秒当たりの繰り返し数を周波数といい，単位はHz（ヘルツ）[2]です．東日本では家庭の交流電気の周波数は50 Hz，西日本では60 Hzです．これは明治時代に発電のシステムを導入した際に東日本ではドイツから，西日本ではアメリカから技術を輸入したためです．このような違いがあるため，電子レンジや洗濯機など一部の電気製品は東日本と西日本で異なる規格でつくられているので，引っ越しをするときには注意が必要です．家庭用のコンセントから得られる電圧は全国どこでも100 Vです．

[2] ヘルツ（Hz：hertz）は周波数の単位．1 Hzは1秒間に1回の周波数・振動数．

乾電池と電気回路の基本

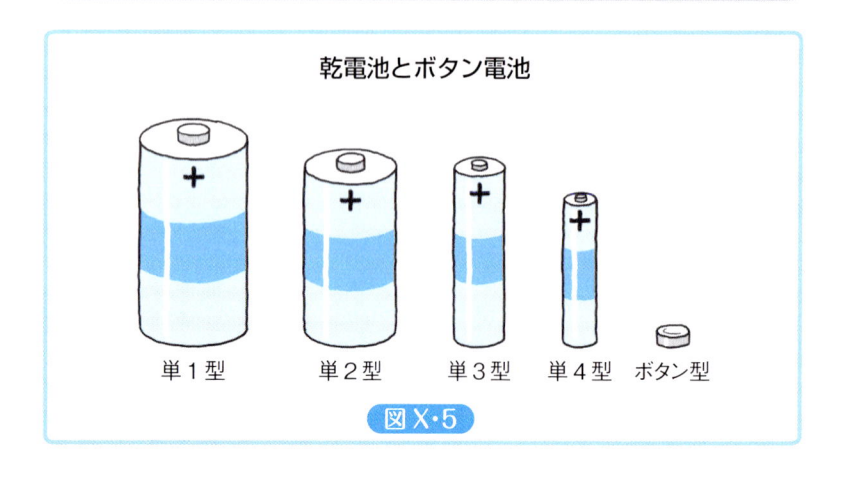

乾電池とボタン電池

単1型　単2型　単3型　単4型　ボタン型

図X・5

懐中電灯などに使用される乾電池は化学反応によって電気を起こしています．出てくる電気は交流ではなく直流で，つねに同じ方向に電気が流れています．円筒形の乾電池にはいろいろな種類があり，単1型，単2型，単3型，単4型と数字が大きくなるほど小型になります（**図X・5**）．大きさは違っても乾電池の電圧は1.5Vです．体温計などの小さなものにはボタン型の電池が使われます．

乾電池のプラスとマイナス

図X・6

　乾電池の片端には小さな突起がついています（**図X・6**）．突起側が＋（プラス），逆側が－（マイナス）で，＋側は－側に対して1.5V電圧が高い，ということができます．
　電池と豆電球を使った電気回路を考えてみましょう．電気回路とは，その名の通り，"電気（電流）が回って流れる路"であり，電池を導線でつなげたものを指します．電気回路では長い棒と，短い棒の組み合わせで電池を表します．長い棒が＋の端で短い棒が－の端です．実際の乾電池の形と逆の形になっているので，注意してください．

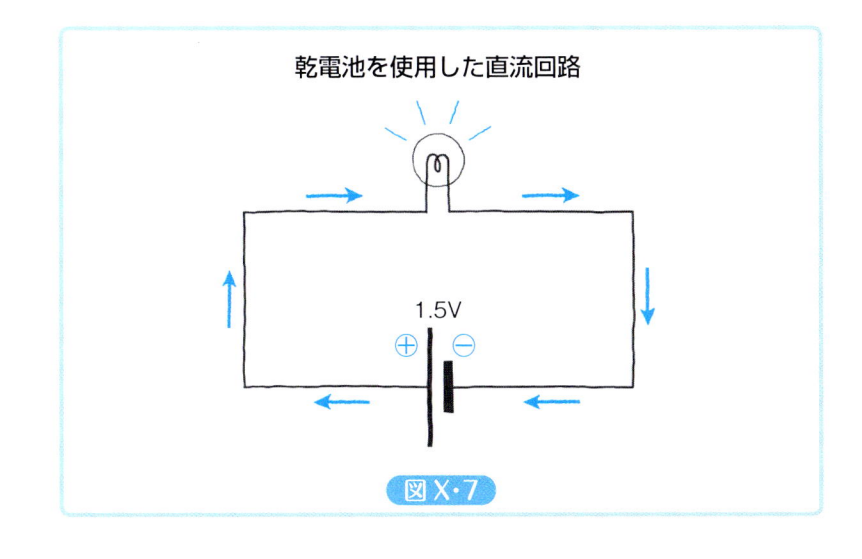

乾電池を使用した直流回路

1.5V

図X・7

電気は図X・7のように＋の端から出て豆電球を通り，－の端に戻ってきます*3．直流なのでこの向きはいつも変わりません．

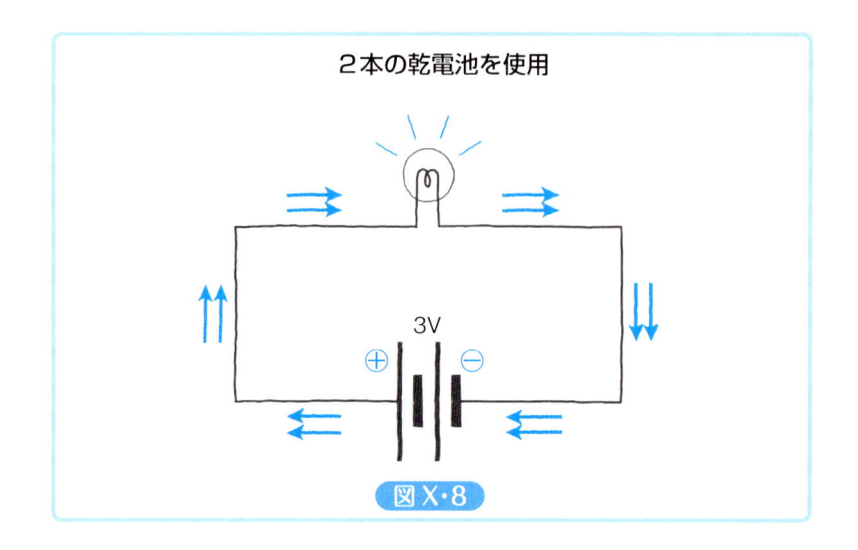

*3 電源から出るための線と，電源へ戻るための線があるので，普通，電気のコードは2本が対（ペア）で使われることが多いのです．

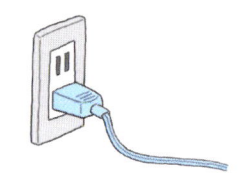

2本の乾電池を使用

3V

図X・8

今度は乾電池を2個，図X・8のようにつないでみましょう．このようなつなぎ方を直列といいます．電圧は個々の乾電池の電圧の和になります．つまり3Vです．

豆電球は先ほどと同じものです．電圧が2倍になると，1秒間に流れる電気の量（電流）は2倍になります．電流の単位はA（アンペア）です．図X・8では電気の流れの矢印を2本にして，2倍の量が流れているように描きました．このように，つなぐ豆電球が同じものなら，電圧が2倍になると電流は2倍になります．

電圧と電流をかけ合わせた単位が電力で，電力の単位がW（ワット）です．豆電球につぎ込まれる電力は電圧と電流のかけ算に比例するので，図X・7に比べて図X・8では電力が4倍になり，豆電球は非常に明るく輝くことになります．

ここであらためて，電圧と電流について理解しましょう．電気の流れを川の流れにたとえて考えてみます．電圧はこの川の水を流すための圧力に相当すると考えてください．この考えがわかりにくければ，川が川上から川下に流れる様子を考えてください．川が流れるのは川下よりも川上のほうが高いところにあるからです．この高低差が川上から川下への水の流れをつくる圧力になります．電流は川を流れる水の量です．圧力（つまり高低差）が大きくなれば，流れの速さは速くなり，1秒間に流れる水の量は多くなります．このたとえのように，電圧が高くなれば，電流はそれに比例して大きくなります．

乾電池の＋の端が川上に相当します．－の端が川下に相当します．川

が分岐せずに1本なら，1秒間に水の流れる量は川のどの部分でも同じになります．同様に電気回路が枝分かれしていない場合は，回路のどの部分でも電流は同じになります．

電流と電圧の関係：オームの法則

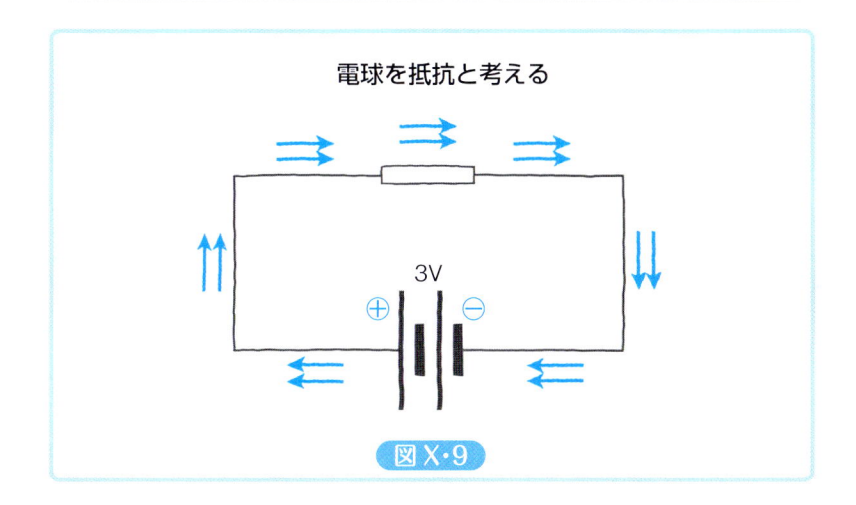

電球を抵抗と考える

3V

図X・9

　図X・8の回路で，電気の流れを阻害するものという観点からいうと豆電球は電流に抵抗するものという意味で「抵抗」とみなすことができます．抵抗は**図X・9**のような電気記号で表します．抵抗の単位はΩ（オーム）です．

　前にも述べたとおり，この回路では川の流れは1本ですから，抵抗を流れる電流もそのまわりの銅線を流れる電流も大きさは同じです．抵抗は全体を流れる電流の大きさに影響を与えます．

　電気回路では，電圧をV，電流をI，抵抗をRとすると，これらの間には以下の関係があります．

$$I = V/R$$

これをオームの法則と呼び，電気回路でもっとも重要な関係です．この式は，回路に流れる電流は電圧に比例し，抵抗に反比例することを示しています．すなわち，電圧が大きくなれば電流は大きくなり，抵抗が大きくなれば電流は小さくなります．たとえば，3Vの電池に1Ωの抵抗をつなげば電流は3Aとなり，抵抗が2Ωなら電流は1.5Aです．この式を変形すると

$$V = I \times R$$

となり，電圧は電流と抵抗の積（かけ算）に比例します．

直列の抵抗

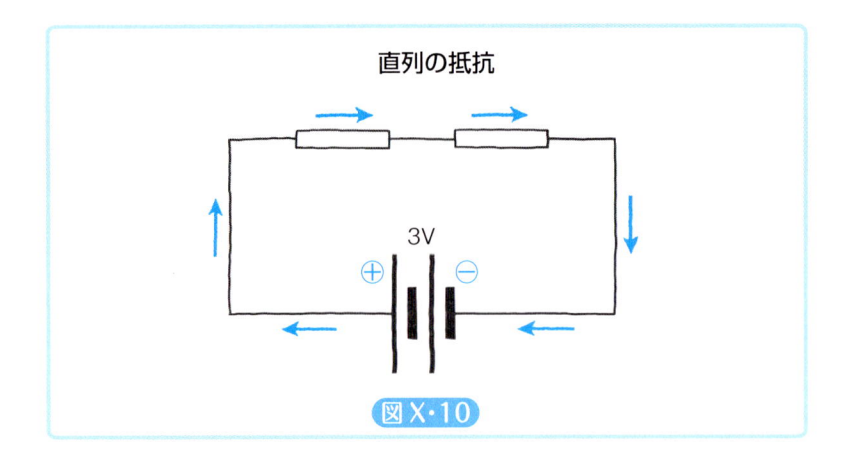

図X・10

豆電球を2つつなぐと図X・10のように模式的に表現できますが，このとき水の流れを阻害する働きは2倍になり，電流は図X・9の半分に減ってしまいます．このようなつなぎ方を直列といいます．

乾電池を直列にして電圧を2倍にすると電流は2倍になりました．逆に抵抗を直列につないで抵抗の値を2倍にすると電流は半分になります．すなわち電流は電圧に比例し，抵抗に反比例します．

直列では，回路のどの部分でも同じ量の電流が流れます．回路のどこかが断線すれば電流は流れなくなります．たとえば，クリスマスツリーの豆電球が直列なら，1個の電球が切れるとその回路につながっているすべての電球がつかなくなってしまいます．

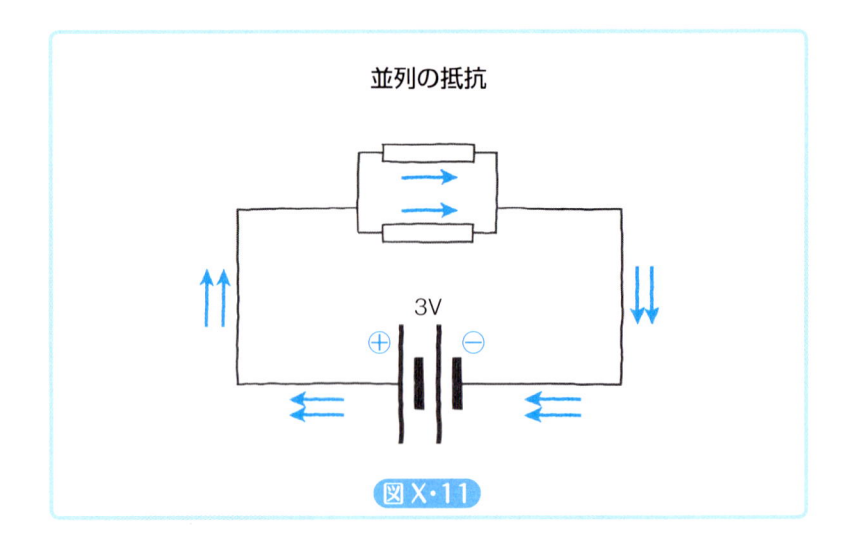

並列の抵抗

図X・11

これに対して，図X・11のようなつなぎ方を並列と呼びます．ここでは，川の流れが途中で2本になるので，どこでも電流が同じとはなりません．そのかわり，個々の川（抵抗）を流れる電流を足したものが，

全体を流れる電流になります．並列では1つの豆電球が切れても全体の流れがとまることはなく，その分，ほかの電球に電流が流れるようになります．家庭内の配線は，1ヵ所が切れたらほかがすべて使えなくなってしまうと困るので，並列に接続されています．

電圧降下とは

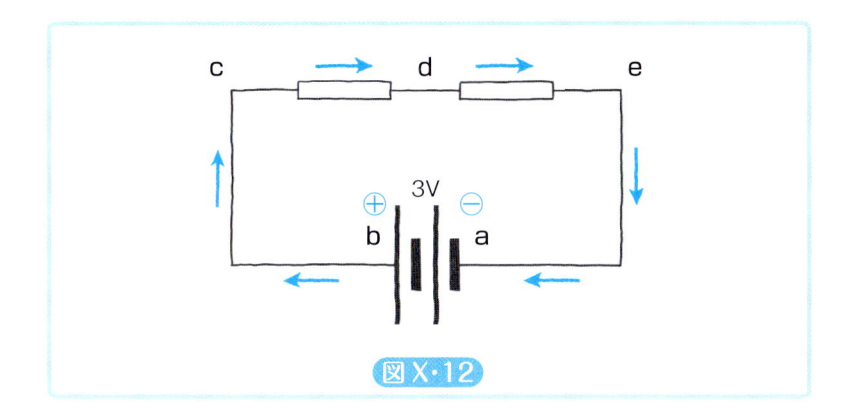

図X·12

乾電池を2つ直列につなぎ，2つの抵抗を直列につないだ電気回路を考えます．このとき，cの電圧は3V，eの電圧は0V，dの電圧はその中間の値になります．つまり，c＞d＞eの順に電圧が低くなっています．

このように抵抗に電流が流れることで，順次に電圧が低くなることを電圧降下といいます．電圧降下は抵抗に電流が流れることで生じます．このとき，抵抗をR，電流をI，電圧降下の値をVとすると，

$$V = I \times R$$

となります．これはオームの法則そのものです．つまりオームの法則とは，電圧降下を計算する法則ともいえるのです．

このように最初，b地点（c地点でも）で3Vあった電圧が，抵抗を通過するたびに順次に低くなって，最後のe地点（a地点でも同じ）で0Vになるのです．川の流れが1本なら，途中の電圧降下を全部足した値が全体の電圧降下になります．

電圧降下を計算してみる

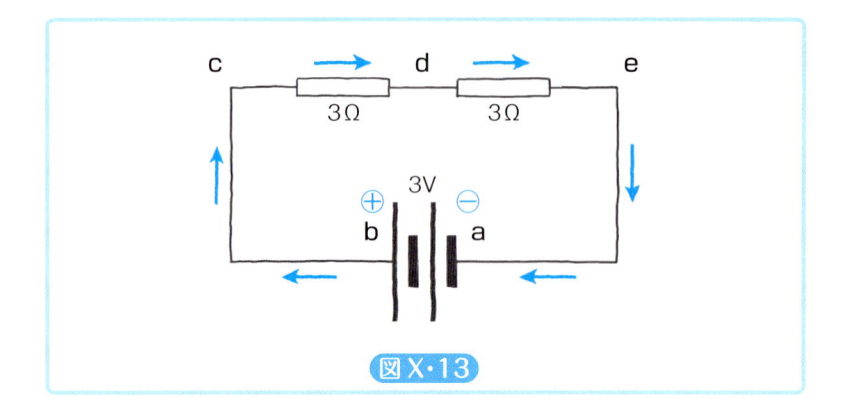

図X・13

具体的に電圧降下を計算してみましょう．図X・13のように3Ωの抵抗が2つ直列につながっているものとします．流れる電流は（川の流れが1本なので）どこでも同一です．この値をとりあえずIとしておきます．

V＝I×Rなので，cdの電圧降下はVcd＝I×3Ωとなります．同様にV＝I×Rなので，deの電圧降下はVde＝I×3Ωとなります．これらの電圧降下を足すと，ce間の電圧になるのですから，3Vになります．すなわち

$$I \times 3Ω + I \times 3Ω = 3V$$

これを解くと2×I×3Ω＝3V，したがってI＝3V/(2×3Ω)＝0.5Aになります．ここでは電圧降下を求めるのが目的ですから，cd間とde間の電圧降下を考えるとV＝I×Rの式に戻って，

$$V = 0.5A \times 3Ω = 1.5V$$

cdの電圧降下も，deの電圧降下もともに1.5Vになります．

特殊な電気部品①

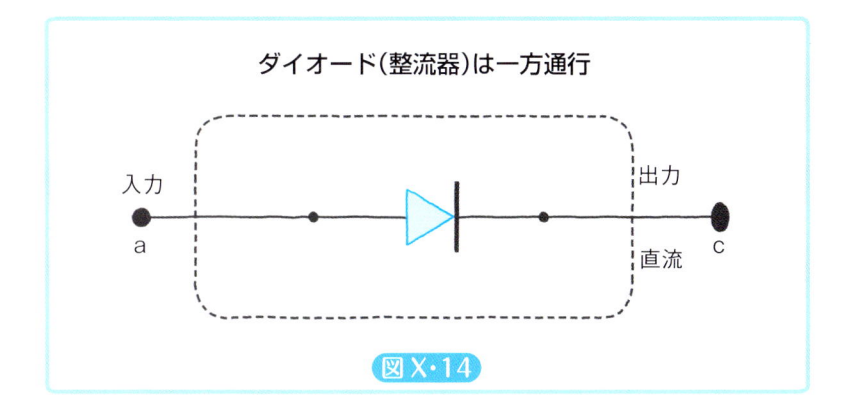

ダイオード(整流器)は一方通行

入力 a ━━━▷|━━━ 出力 c
　　　　　　　　　直流

図X·14

　特殊な電気部品としてダイオード（整流器）があります．ダイオードは図X·14のaからcの方向には電気を通しますが，逆方向には電気を通しません．この性質を利用して交流を直流に変換するのに利用されます．発光ダイオード（LED）はダイオードの仲間です．

特殊な電気部品②

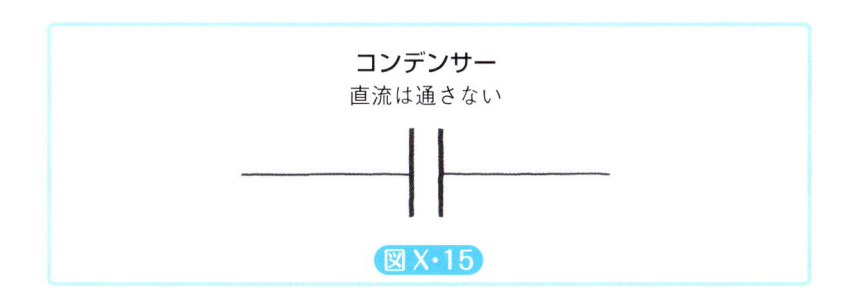

コンデンサー
直流は通さない

図X·15

　コンデンサーは直流を通さないというものです．コンデンサーは電気をためますが，ためている間は，電気を吸い込んでいるので電気が流れています．しかし，すぐに満杯になってしまいます．そうすると電気の流れが止まってしまいます．つまりそれ以上は電気を流さなくなります．こうして直流は流れなくなります．電気記号をよくみると線と線の間が空いていますね．いかにも電気を通さないといった様子です．ところが交流の場合は，電気がたまって流れが終わるのですが，終わったと思うと向きが変わるので今度は放電が起こると考えてください．すると貯金は空になりますから，また向きが変わったときにまた電気をため込み，電気の流れが起きます．こうして交流は流れ続けることになります．
　しかし，交流ならどんな交流でも100％通すわけではありません．

交流でも1分間に1回向きが変わるような交流もありますし，1秒間に50回，あるいは1秒間に何万回も変わる交流もあります．つまりいろいろな周波数の交流があります．それぞれの交流に対してどの程度通しやすいかは，そのコンデンサーでためられる電気量の大小（蓄電容量という）によって変わってきます．この性質を利用して，さまざまの周波数が混合した交流から特定の周波数の交流だけを取り出す電気フィルターという装置に使用されています．

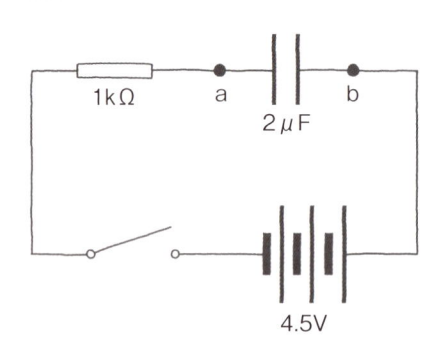

> **練習問題**
>
> 図の電気回路でスイッチを入れてから十分な時間の後，ab間の電位差（電圧降下の量）として正しいのは0V，3V，4.5Vのどれですか．ただし，電池の電圧は4.5V，抵抗は1kΩ[*4]，コンデンサーは2μF[*5]とします．

[*4] kは1,000を表す接頭辞でキロと読みます．1kΩ＝1,000Ω．

[*5] Fはコンデンサーの蓄電容量の単位でファラッドと読みます．μは1/100万を表す接頭辞でマイクロと読みます（☞13講参照）．2μF＝0.000002F．

X講のまとめ

- 直流は電流の流れが一方向のみ，交流は1秒間に何回も流れの方向を変える
- コイルに磁石が近づいたり遠ざかることで，コイルに電流が発生する
- 電圧の単位はV（ボルト），電流はA（アンペア），電力はW（ワット），周波数はHz（ヘルツ）
- 電池を直列に接続すると電圧は大きくなり，回路に流れる電流も大きくなる
- オームの法則 I＝V/R I：電流，V：電圧，R：抵抗
- 同じ抵抗を直列接続すると，抵抗は2倍，並列接続すると，抵抗は1/2倍

Y講 波・音・熱・光・電波

> **学習の目標**
> 1. 波の波長と周波数，移動速度の関係が説明できる
> 2. 音の性質について説明できる
> 3. 光の種類について説明できる

波

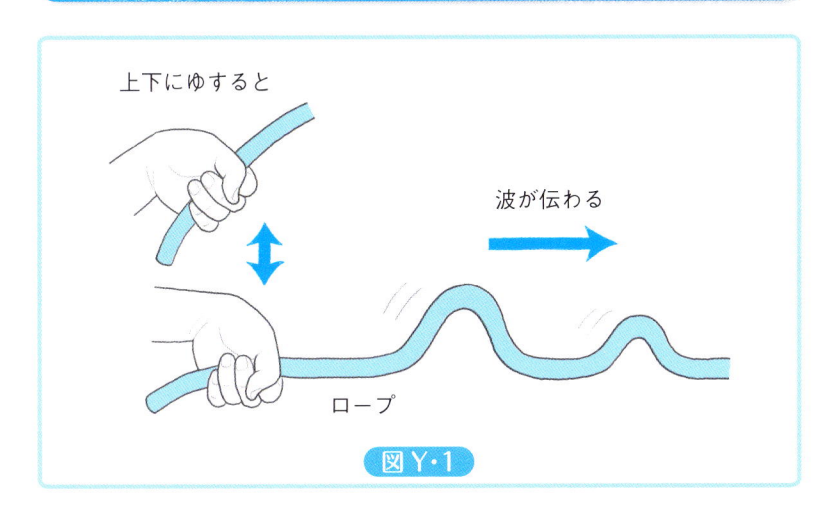

図Y・1

太いロープの端を手にもって上下にゆすると，波が伝わっていきます（図Y・1）．このとき，ロープが移動していくわけではありません．ロープの盛り上がった場所が移動していくのです．このようなものを一般的に「波」といいます．

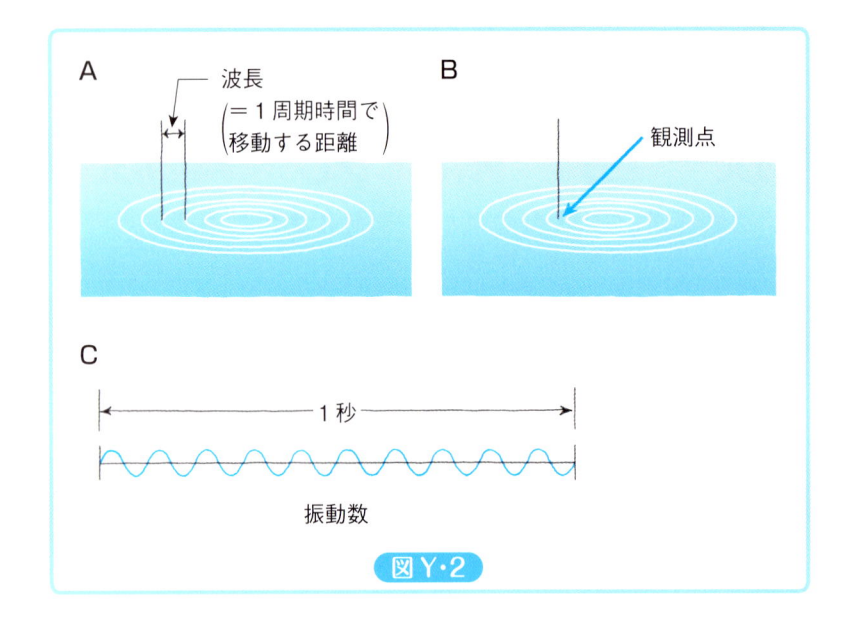

[図 Y・2: A 波長（=1周期時間で移動する距離）, B 観測点, C 1秒 振動数]

　典型的な例は水面にできる波紋です．池に石を投げ込むと，波紋が円になって伝わっていきます（図 Y・2）．このとき，水がまわりに広がるわけではありません．水が盛り上がる場所が移動するだけです．

　この波紋を写真で写すようにある時刻で切り取って考えたとき，波紋のある山の位置と，隣りの山の位置との距離を「波長」といいます（図 Y・2A）．

　今度は静止写真をとるのではなく，時間の経過を考えてみましょう．図 Y・2B のようにどこかに観測点を固定して，水面の変化[*1]を観測すれば，この点が高くなったり低くなったりする様子が観測されるでしょう．山になった瞬間から，次に山になる瞬間までの時間間隔を「1周期時間」あるいは「周期」といいます．ある観測点で，1秒間に何回の山が観測されるか，この数を「振動数」といいます．振動数は「周波数」ともいいます．

　仮に1周期時間が0.1秒とすると，1秒間にはそれが10回繰り返されることになります（図 Y・2C）．これが振動数ですから，

　　　振動数＝1/周期

あるいは逆に書くと

　　　周期＝1/振動数

となります．

　山の位置と隣りの山の位置との距離を「波長」といいましたが，ある観測点で次の山がきたときには，先ほどの山は隣りの山に移っているの

[*1] これをグラフに描く場合には，横軸を時間，縦軸を波の高さ変化として表します．

で，波長は「1 周期時間で波が移動する距離」と考えることができます（図 Y・2A，C）．移動速度は距離を時間で割ったものですから

   移動速度＝波長 / 周期

となります．また 1 秒間で波長 × 振動数だけ移動するので

   移動速度＝波長 × 振動数

と計算することもできます．ただし，移動速度といっても水が移動するわけではありません．波として盛り上がっている場所が移動しているだけです．

コラム　モアレ写真による姿勢診断

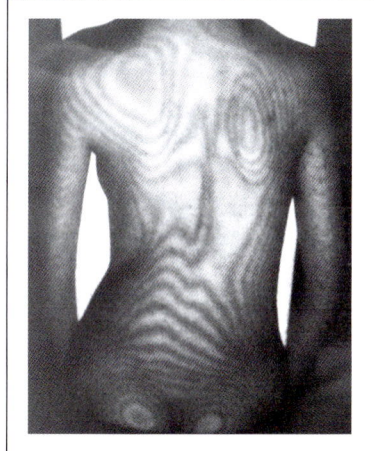

夏の網戸やレースのカーテンが 2 枚重なったときに，大きな縞模様がみえるという経験をした人も多いのではないかと思います．同じようにつくられた細かな縞模様でも，2 枚がわずかにずれたときに，大きな縞がみえるようになります．その応用の一つが人の身体の形状測定で，とくに，側弯などが起こっているかについて，縞ができるようにした光を当てて，それを，縞ごしに撮影することで等高線をつくりだし，背中の非対称などをみつけ出す姿勢診断法があります．

側弯症患者のモアレ像
[司馬立：整形外科 64（8）：797, 2013]

音

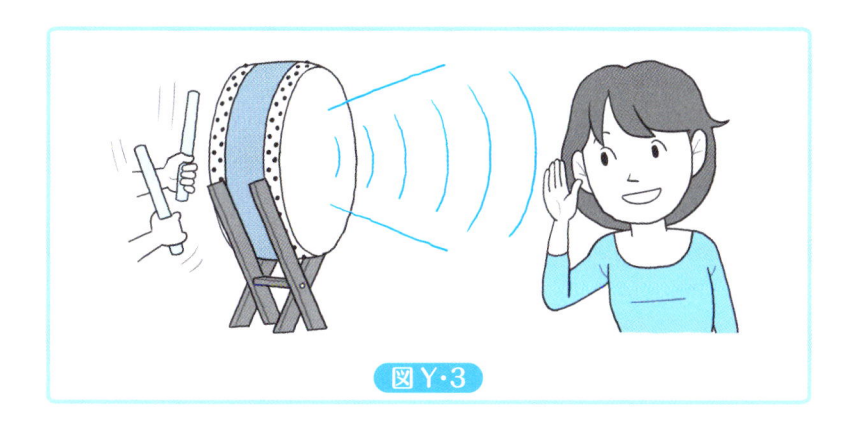

図 Y・3

次に音について考えてみましょう．太鼓を鳴らすと太鼓の膜が振動します（図Y・3）．膜の振動が隣り合わせた空気を押したり引いたり細かく震わせます．この振動が空気中を次々に伝わるのです．伝わるのは空気の振動であって，空気自体が太鼓から耳まで移動するわけではありません．このように音は空気中を伝わります．したがって何もない真空中では伝わりません．遠くの電車の音が線路を伝わって聞こえるように，固体や液体も音を伝えます．

太鼓を強くたたけば膜が大きく振動し，大きな音になります．しかしいくら強くたたいても音の高さは変わりません．膜が振動する振動数は太鼓によって決まっているからです．太鼓の大きさが異なる場合や膜の張り方が異なる場合は音の高さが変わります．このことからわかるように音の高さは音の振動数によって決まります．音や電気については周波数の大きい音は高く，小さい音は低く聞こえます．人間の声にはいろいろな周波数の音がいろいろな大きさで混じりあっています．周波数の混じり方はそれぞれの人で特有なので，私たちは人の声を聞き分けることができるのです．

大気中の音の移動速度（音速）は時速 1,225 km（1 秒間に 340 m）ですが，気圧や気温によって変動します．音速は固体や液体の種類によっても変わってきます．

ドップラー効果

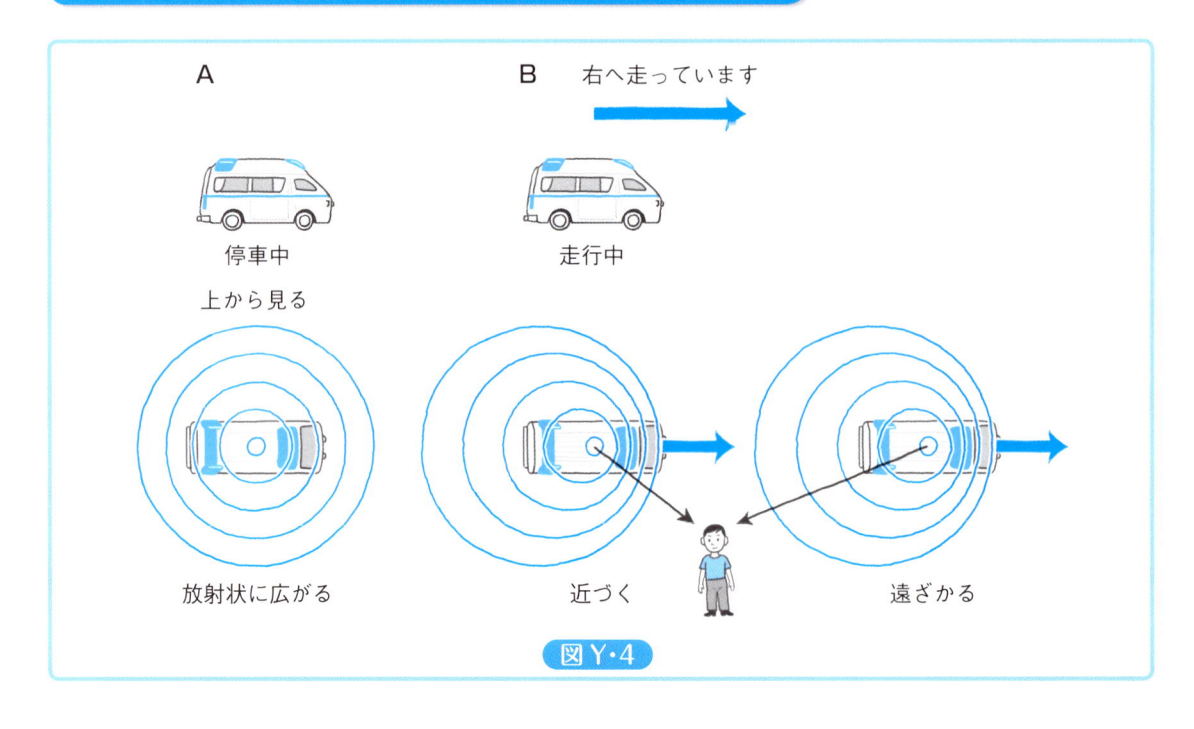

図Y・4

救急車がサイレンを鳴らしながら走っている状況を考えます（図Y・4）．まず比較のために，救急車が停車している場合を考えます．図Y・4Aのように，サイレンからの音は放射状に周囲に広がります．次に救急車が図Y・4Bのように，図の右方向に走っているものとします．以前に放射された音の波は以前にいた場所を中心にして放射されますが，最近に放射された波はもっと前進した場所を中心に放射されます．これを救急車の進行方向にいる人間が聞くと，最初に耳に波が届いたと思うと，すぐに次の波がくることになります．そうすると波と波の時間間隔が短くなって，より高い音に聞こえます．これは救急車が近づいてくるから音の移動速度が速くなるのではありません．音は空気を伝わりますし，空気は移動するわけではないので，自動車が速く走っても音の移動速度は速くなりません．そうではなくて，音源がより近くになるので短い時間で到達するのです．したがって，救急車が近づくときにはより高い音に聞こえます．

　救急車が通り過ぎると，逆に，最初に波が到達してから次の波が到達するまでに救急車はより遠くに移動しているので，次の波が到達するまでの時間がかかってしまいます．すると波と波の時間間隔が長くなって，より低い音に聞こえます．この現象をドップラー効果といいます．

コラム　超音波診断装置

　超音波は耳に聞こえないような高い周波数の音です．物質の中を超音波が伝わり，反射して返ってくるまでの時間を計測することで，超音波発射源からの距離がわかります．これを面として計測し，それぞれの部分の距離を目でみえるように画像化したものが超音波診断装置です．診断装置としては，腫瘍の検査や胎児の診断に用いられています．

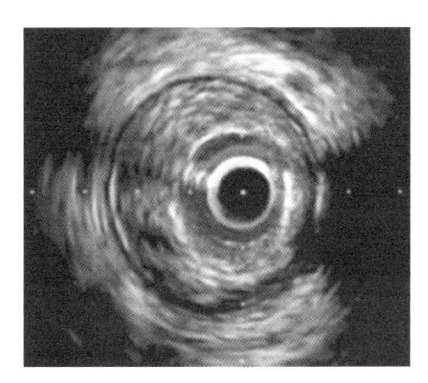

血管内エコー
［有澤淳，椿森省二：診療放射線技術．上巻．改訂第13版．p.370．南江堂，2012］

> **コラム** 音の大小：dB（デシベル）
>
> 　AとBの2つの音や電磁波の強さを比較する場合に，A/Bが1倍であれば，10^0（= 1）と表現することができます．また，10倍であれば10^1，100倍であれば10^2，1,000倍であれば10^3などと表すことができます．これらを0, 1, 2, 3…と表し，単位をB（ベル）としました．こうすると10倍の100倍などは10 × 100ではなく，1 + 3 = 4と足し算で，また，大きな比も簡単な数で表すことができ，便利になります．これをもう少し使いやすくするということで，1/10を表すd（デシ，デシリットルのデシです）を用いて，1倍を0，10倍を10とし，100倍を20，1,000倍を30のように表したものがdB（デシベル）という単位です．これは，数学的に表すと，底が10の対数で次のように表されます．
>
> $$L_B = 10 \log_{10} \frac{B}{A} \text{ [dB]}$$

熱

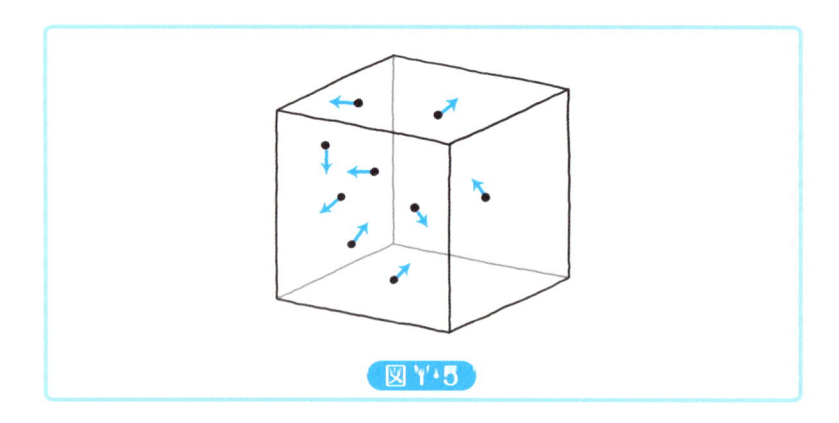

図Y・5

　熱について考えます．図Y・5は透明の立方体に空気が充満している様子をイメージで示しています．中の酸素や窒素の分子が勝手な方向に飛び回っています．分子は互いにぶつかり合いますし，壁にも衝突します．この分子が壁を押す力が気体の圧力です．

　この気体を外から熱すると，中の分子の運動はますます激しさを増します．すなわち分子の運動エネルギーは増加します．壁に衝突して壁を押す力も増加します．これが気体の温度が高くなっている状態です．分子の運動エネルギーが増加するにしたがって気体の圧力は高まっていきます．このように容器の容量が定まっている場合には，気体の圧力は温度が高くなるほど増加します．仮に伸縮するような容器で，しかも外からの圧力が熱する前と同じだった場合には，温度の増加に伴って圧力が増加する代わりに気体の体積が増加します．熱による体積の増加は液体

の場合でも同様です．分子の運動エネルギーが高くて温度が高い状態の気体の中に水銀温度計を置けば，分子の運動エネルギーが水銀にも伝わって，水銀の温度が上がり，水銀の体積が増加します．この体積の増加を目盛りで読みとることで温度が測れるのです．

光

図 Y・6

　鉄を熱している様子を頭に思い浮かべてください（**図 Y・6**）．鉄に熱を加えると鉄の原子の運動エネルギーが大きくなって，そのエネルギーが周囲の空気に伝わって空気を暖めます．しかしそれだけではなく，鉄の内部のあまったエネルギーが波として外部に放射されます．この波は一種の光と考えられますが，温度が低いうちはこの波は目では認知できません．しかし温度が高くなると鉄が赤みを帯びてきます．つまり放射された波が目にみえるようになります．もっと温度が高くなると光は強くなり，かつ白みを帯びてきます．このように放射された目にみえる波を可視光と呼びます．

　光は不思議な存在で，波であると同時に粒子[*2]であるとも考えられます．ただしこの粒子は質量をもちません．エネルギーの塊のようなものとイメージしてください．どんな光でも光の速度は一定で，1秒間に地球を7回り半できる速さです．これより速くなることも遅くなることもありません．宇宙の中で光より速く移動する粒子は知られていません．

[*2] 光は波と粒子の両方の性質をもちますので，音とは異なって，真空中でも伝わることができます．太陽や星の光がみえるのはこのためです．

目でみえる光

物体から放射された光が人間の目に入ると視神経が刺激されて，それが「光」として「光っている」と認知されます．このとき，粒子のエネルギーが低すぎると光として視神経が認知しません．逆に粒子のエネルギーが大きすぎる場合も視神経は反応しません．人間が光として認知できる粒子のエネルギーには幅があり，この幅の中の光が「可視光」です．

光は波の性質をもっていますが，このとき光のエネルギーの大きさは波の周波数によって決まります．大きな周波数をもつ光ほど大きなエネルギーをもちます．波の周波数と波長は互いに逆数の関係があるので，周波数の大きい波ほど波長が短く，大きなエネルギーをもちます．

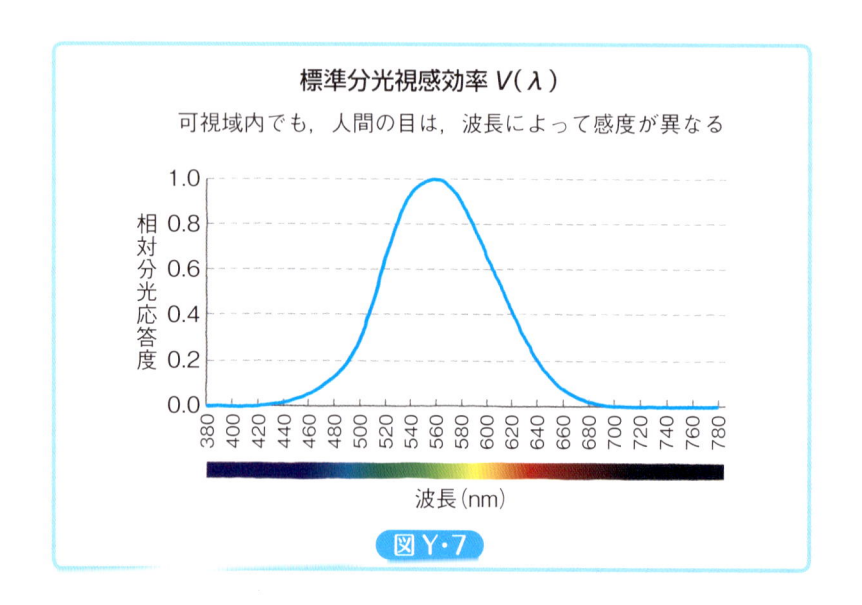

標準分光視感効率 $V(\lambda)$
可視域内でも，人間の目は，波長によって感度が異なる

図 Y・7

図 Y・7 は波長の違いによって人が感じる光の感度を示しています．この図より，人が光を感じられる波長の領域は限られていて，領域内でも波長によって感度が異なることがわかります．

太陽からは可視光が出ていますし，熱せられた鉄からも可視光が出ています．電球の中では熱せられたニクロム線から光が出ています．LEDランプからも可視光が出ますし，稲妻からも可視光が出ます．これらの光が直接に目に入れば視神経が光を感じて，その物体が光っていることが認識できます．このように自分から光を出している物体は「みる」ことができます．

図Y・8

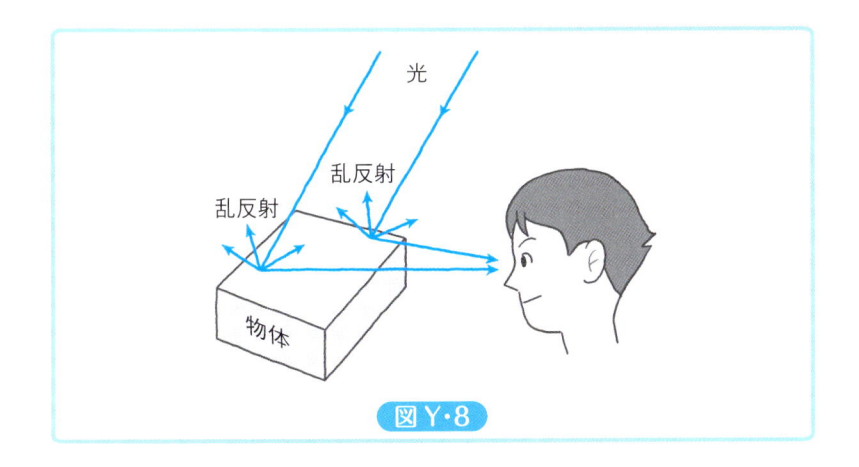

　自分では光を出していない物体でも，光が存在していれば「みる」ことができます（図Y・8）．それは光がその物体に放射されて，その乱反射された光が人間の視神経に届くからです．可視光が人間の目の前を横切っても，その光をみることはできません．その光は目に届かないからです．カーテンの隙間から朝日がスジになってみえるのは，光が部屋の中の微粒子に乱反射するからです．

光の波長による分離

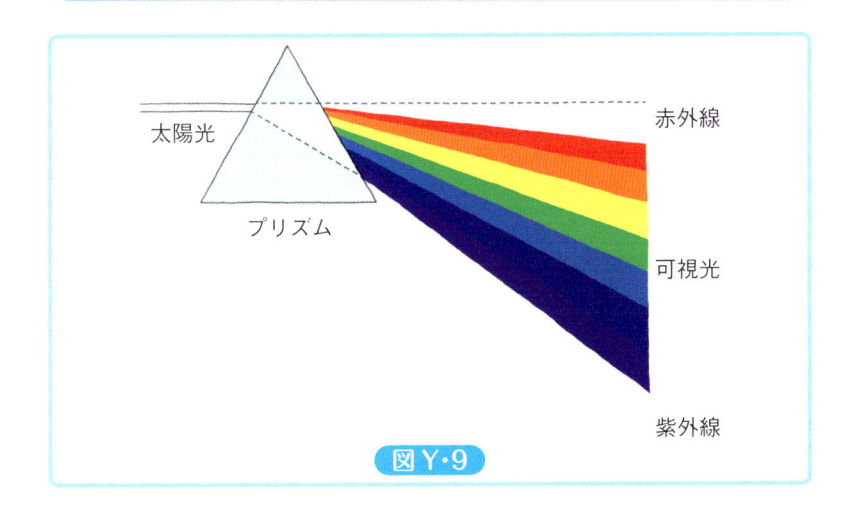

図Y・9

　光は波長によって屈折角[*3]が異なるので，プリズム（光を分散，屈折させるためのガラスなどでできた多面体）を使用すると光をその波長によって分離できます（図Y・9）．これが，虹がみえる原理です．可視光のうち波長の長い光を人間の目は赤と認識します．可視光のうち波長の短い光を人間の目は紫と認識します．色の違いは光の波長の違いなのです．

*3　光がある角度である物質から別の物質へ入るとき，そこで角度が変化します．屈折率 n を下のように定義します．光には，可視光である広い範囲の波長の光が含まれており，波長によって屈折率が異なりますので，光をその波長によって分離できるのです．

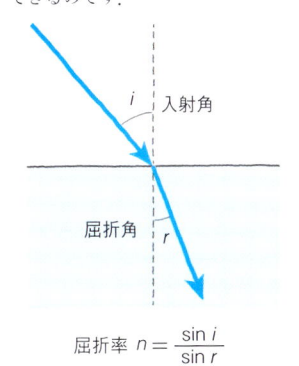

屈折率 $n = \dfrac{\sin i}{\sin r}$

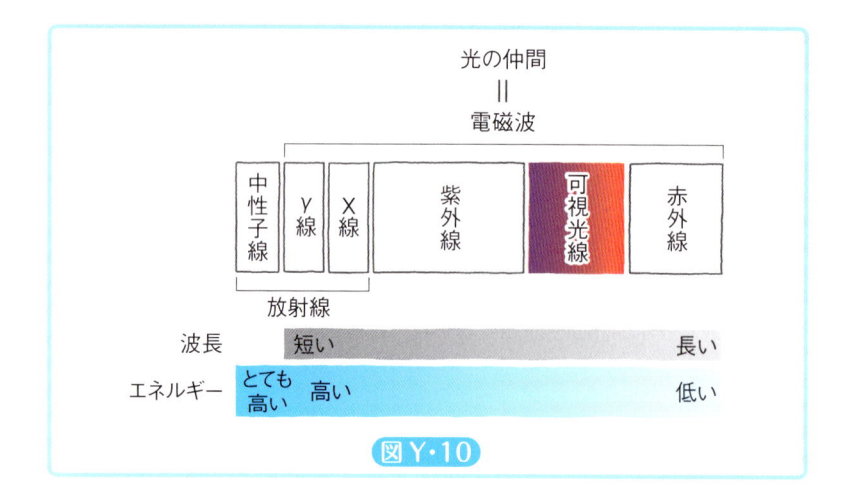

図Y·10に波長（エネルギー）による光の分類を示します．赤よりも波長が長い光は光として認知されませんが，他の物体に放射されると熱を伝えます．これが赤外線です．熱自体は真空中を伝わりませんが，太陽から出た赤外線は宇宙空間を伝わり，地球の物体に熱を与えます．

コラム　赤外線サーモグラフィ

人間の身体からも温度に応じた波長の赤外線が放出されています．当然，人間の目にはみえませんが，電子的なセンサーを用いると赤外線を「みる」ことができます．超音波を面的に画像化したのと同じように，ある点から発せられている赤外線の波長を順次計測して面的に画像化したものを赤外線サーモグラフィといい，それぞれの部分の温度をみることができます．この画像は赤外線をみているわけではなく，センサーで感知した画像を人間がみえるように色で表示しているのです．

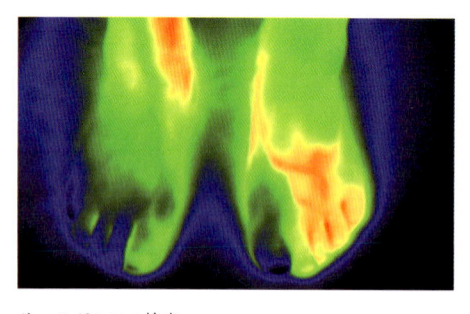

サーモグラフィ検査
［久保田義則：NiCE 疾病と検査, p.77, 南江堂, 2010］

紫よりも波長が短い光も同様に視神経には反応を起こしません．これが紫外線です．紫外線は目にはみえませんが，放射された物体に影響を与えます．たとえば人間の皮膚を焼き，皮膚がんなどの悪い影響も与えます．

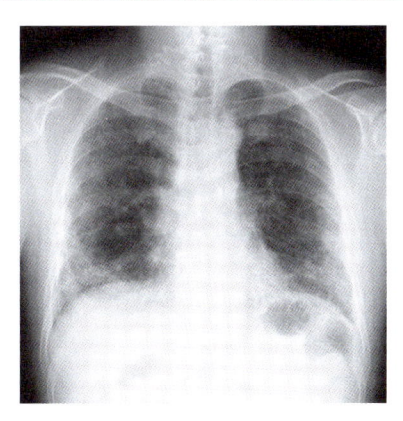

胸部単純X線写真
[有薗信一：内部障害理学療法学テキスト，
改訂第2版，p.224，南江堂，2012]

図Y・11

　紫外線よりもさらに波長が短くなると，X線と呼ばれる光になります（図Y・10）．当然，X線も目にはみえません．X線はエネルギーが大きいため透過力が強く人間の皮膚や内臓・筋肉組織などを通り抜けてしまいます．骨を通り抜けないくらいの強さのX線を用いると，骨の2次元画像を得ることができます（図Y・11）．これは放射線に垂直な面での平面画像となります．

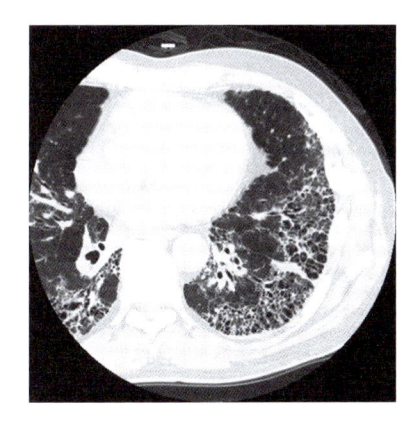

胸部高分解能CT画像
[有薗信一：内部障害理学療法学テキスト，
改訂第2版，p.224，南江堂，2012]

図Y・12

　通常の平面画像だと，骨と骨が重なると判別が困難です．そこでたとえば静止立位時の人体のある高さの水平面で，放射線の方向をいろいろに変え，そのたびに透過量を計算しておきます．具体的には投射口と受

光口を身体のまわりでぐるぐる回して角度ごとに透過量を記録しておきます．すべてのデータがそろったところで，コンピュータがこの高さの水平面での各場所の透過率を計算します．これを2次元平面画像として表示したものがCT画像（コンピュータトモグラフィ画像）です（図Y・12）．この画像は通常の画像と違って，放射線と平行な面での画像です．すなわち人体の輪切りの画像を得ることができます．この画像はセンサーが直接感知した画像ではなく，コンピュータが計算した数値を画像として再現したものです．したがって，センサーとコンピュータの性能によって繊細さなど得られる画像の性能は異なります．

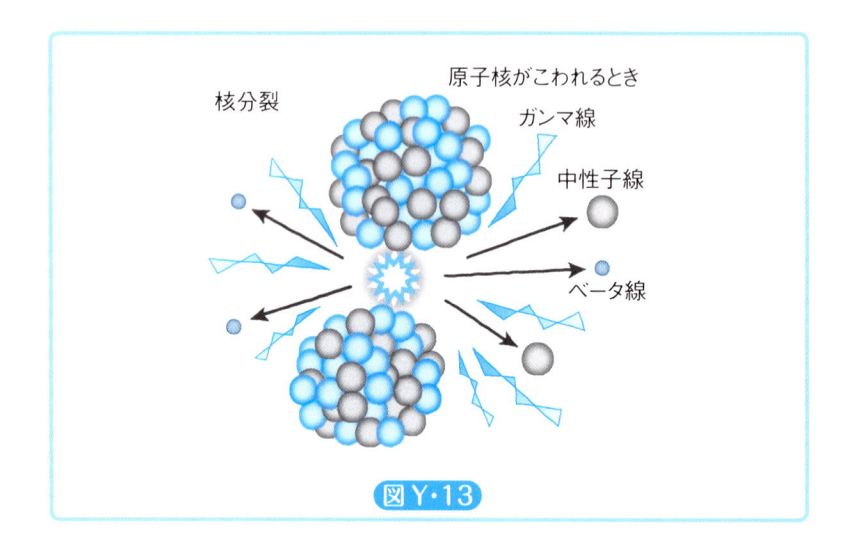

図Y・13

X線よりもさらに波長が短くなるとガンマ（γ）線になります（図Y・13）．放射性物質から放射され，人体に非常に悪い影響を与えます．ガンマ線も光の一種です．なお放射性物質から放射される物質にはガンマ線のほかにアルファ（α）線とベータ（β）線がありますが，これらは光の仲間ではありません．アルファ線はヘリウムの原子核ですし，ベータ線は高速で飛び出してくる電子です．

逆に波長が可視光よりも長くなってエネルギーが小さくなると電波になります．電波も光の仲間なので，光のスピードで進みます．携帯電話もラジオもテレビも電波を利用して情報を伝えます．電波は電磁波ともいいます．料理で使用する電子レンジも電磁波を使って食材を温めます．電子レンジは外から熱を加える温め方とはまったく異なる熱の与え方です．電子レンジの中に何も入れなければ，中の空気は少しも暖かくなりません．レンジの中に入れた食材の分子が電磁波によって振動させられることによって，食材の内側から熱が出るのです．

Y講のまとめ

- 波の動きは，波長，移動速度，周期（振動数）で表される．
- 音の高さは振動数で決まる．
- 光の仲間は電磁波とよばれ，赤外線，紫外線，可視光線，一部の放射線が含まれる．

練習問題の解答

1講

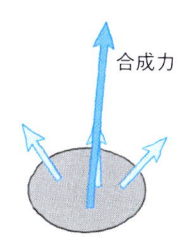

（合成力の図）

2講

① （図：力点 F 10kg、4m、支点、1m、作用点 40kg）

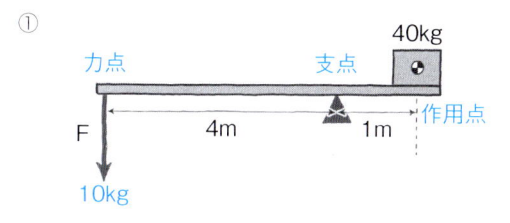

② $F \text{ kg} \times 4 \text{ m} = 40 \text{ kg} \times 1 \text{ m}$

$F = \dfrac{40 \text{ kg} \times 1 \text{ m}}{4 \text{ m}}$

$F = 10 \text{ kg}$

3講

① 第1のテコ

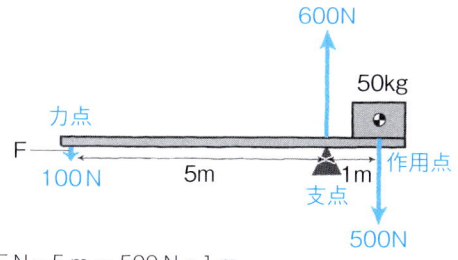

（図：力点 F 100N、5m、支点、1m、作用点 50kg 500N、600N）

$F \text{ N} \times 5 \text{ m} = 500 \text{ N} \times 1 \text{ m}$

$F = \dfrac{500 \text{ N} \times 1 \text{ m}}{5 \text{ m}}$

$F = 100 \text{ N}$

支点の力は上向きに 600 N

② 第3のテコ

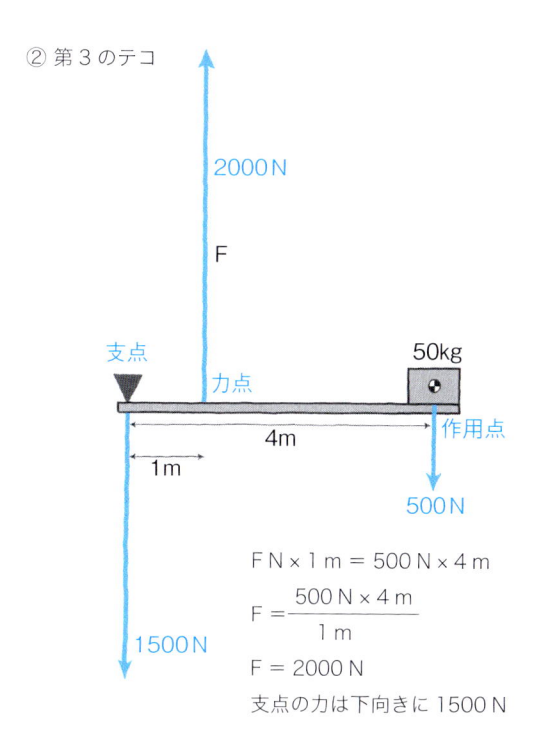

（図：2000N、F、支点、力点、1m、4m、作用点 50kg 500N、1500N）

$F \text{ N} \times 1 \text{ m} = 500 \text{ N} \times 4 \text{ m}$

$F = \dfrac{500 \text{ N} \times 4 \text{ m}}{1 \text{ m}}$

$F = 2000 \text{ N}$

支点の力は下向きに 1500 N

4講

① 40 kg

② (a) 50 N (b) 55 N

③ 15 kg

④ (a) 2.5 kg (b) F = 50 g (c) F = 25 g

5講

① 頭蓋骨がテコ

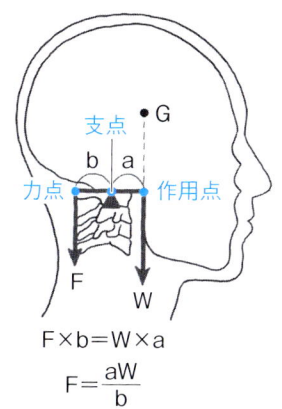

（図：支点、力点、作用点、b、a、F、W、G）

$F \times b = W \times a$

$F = \dfrac{aW}{b}$

② 前腕と手部がテコ

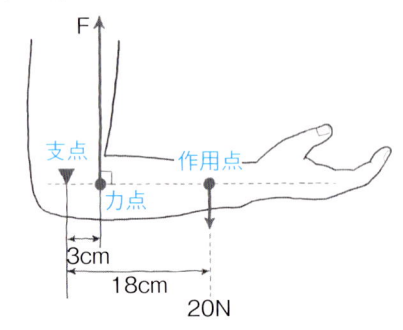

支点 力点 作用点
3cm
18cm
20N
F↑

F N × 3 cm = 20 N × 18 cm

$$F = \frac{20\,N \times 18\,cm}{3\,cm}$$

F = 120 N

③ 1：○　腕橈骨筋は第2のテコです．腕橈骨筋が前腕を屈曲させる場合，前腕の重心は前腕の中間点付近にあり，腕橈骨筋の停止部はそこを飛び越えて前腕の末梢部にあると考えます．したがって，作用点が中間にあるテコとして扱うため第2のテコになります．しかしこれはまったくこじつけです．しかし第2のテコがほかにないため，国家試験では腕橈骨筋は第2のテコと覚えてください．

2：×　大腿四頭筋は第2のテコではありません．停止部（力点）が関節と作用点（足先）の中間にあるので第3のテコです．第2のテコは腕橈骨筋だけと覚えてください．

3：○　上腕三頭筋は第1のテコです．上腕三頭筋の停止部は前腕の近位部に付着しているとみなします．そうすると支点が中間にある第1のテコになります．

4：○　上腕二頭筋は第3のテコです．

5：○　三角筋は第3のテコです．

6講

① 足部がテコ．働いているのは前脛骨筋．

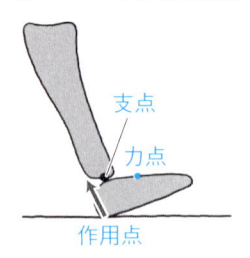

支点 力点 作用点

② 1：○　片脚で立ったときに骨盤に対する中殿筋の作用は第1のテコです．大腿骨頭が支点になり，骨盤の外側部に起始をもつ中殿筋が，支点より内側にある重力を支えるので第1のテコになります．

2：○　地面から離れた下肢を外転させる中殿筋の作用は第3のテコです．大腿骨頭が支点，その先に中殿筋の停止部があり，その先に下肢の重心があるので第3のテコになります．

3：○　push up における肘伸展の上腕三頭筋の作用は第1のテコです．上腕三頭筋の停止部は前腕の近位部にあるとみなされています．肘関節が中間にあるテコなので第1のテコになります．

7講

①

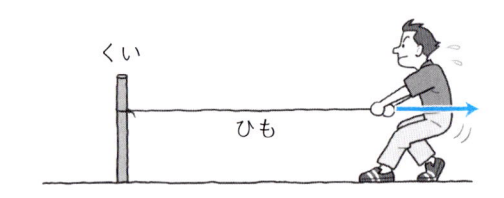

くい　ひも

②

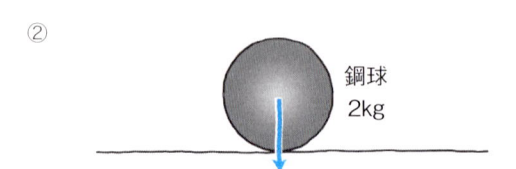

鋼球 2kg

③

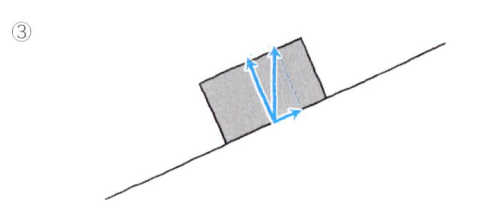

練習問題の解答

8講

①
- X軸上の位置(m): 時間によらず -5
- Y軸上の位置(m): 時刻0で-45、時刻6で+15の直線

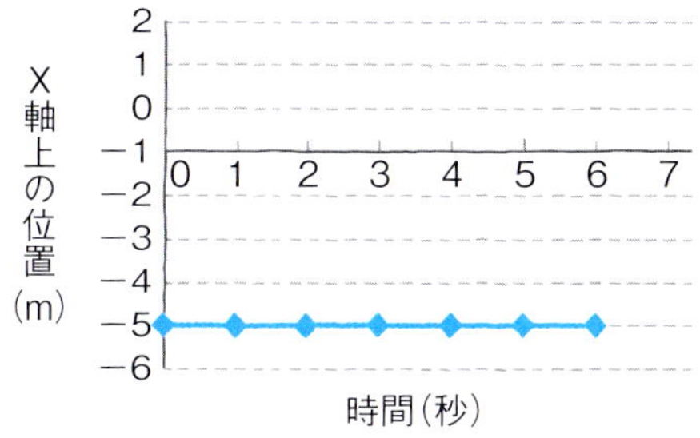

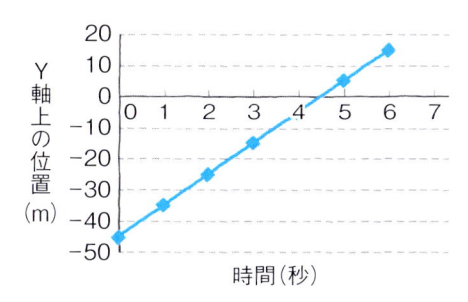

②
- X軸上の位置(m): 時刻0で10、時刻6で-2の直線
- Y軸上の位置(m): 時刻0で-20、時刻6で40の直線
- Z軸上の位置(m): 時刻0と2で0、時刻1で5の山形、時刻2以降は0

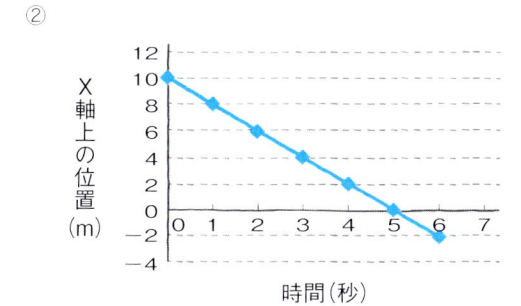

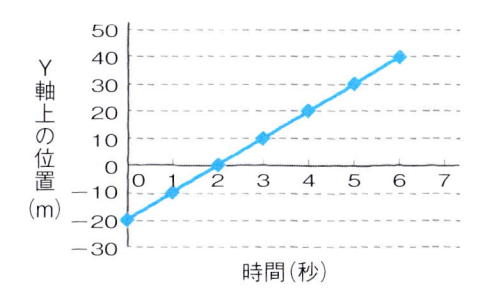

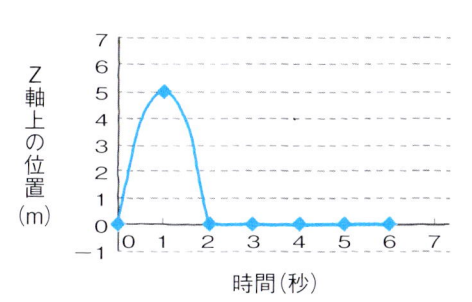

9講

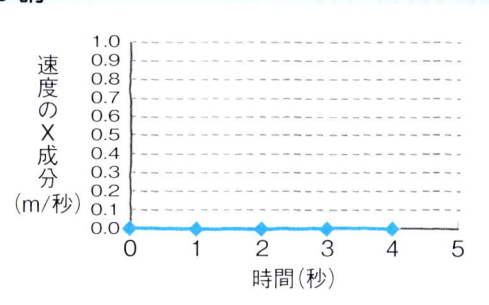

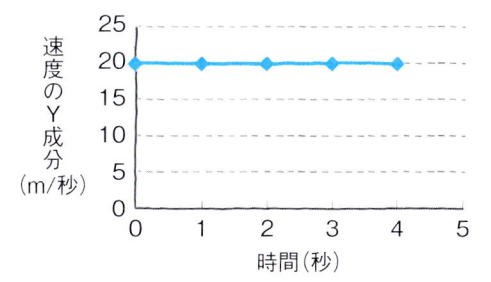

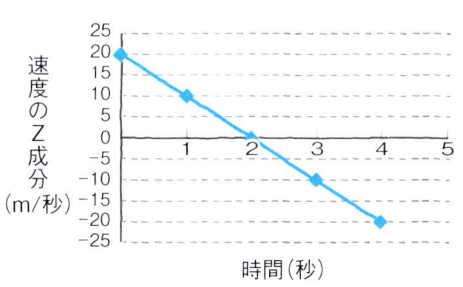

- 速度のX成分(m/秒): 0で一定
- 速度のY成分(m/秒): 20で一定
- 速度のZ成分(m/秒): 時刻0で20、時刻4で-20の直線

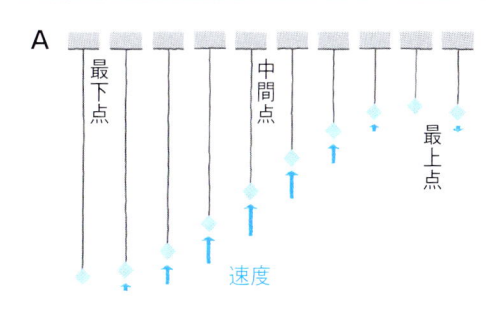

10講

A: 最下点・中間点・最上点における速度のようす

B: 最下点・中間点・最上点における加速度のようす

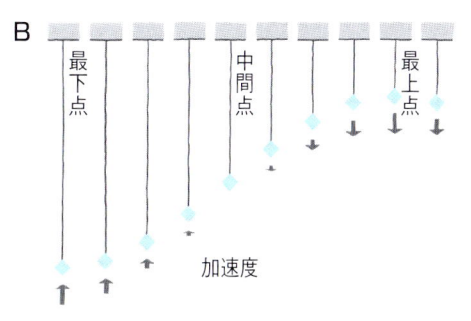

ボールの動きは図のようになります．最初はゆっくり，徐々に速くなり，またゆっくりになります．実際のボールは上下動を繰り返しますが，この動きの中で下端から上端にボールが移動する間について考えます．この間のボールの速度は図Aのようになります．加速度は図Bとなります．

11 講

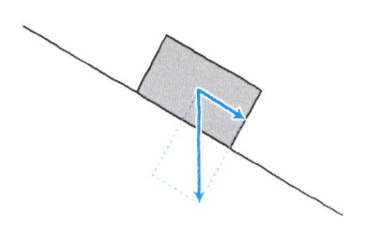

1 kg の物体に作用する重力は約 10 N．すると斜面に沿った力は (斜面が 30° だから)，1/2 となって 5 N となる．これを 1 kg で割ると 5 m/s^2 となる．

12 講

最初の時点で車いすは 0.8 m の高さにあるので，位置エネルギーは 50 kg × 10 m/s^2 × 0.8 m です．

静かにすべり出し，と記載されているので最初の時点の運動エネルギーはゼロです．

したがって位置エネルギーと運動エネルギーの和は 50 kg × 10 m/s^2 × 0.8 m です．

b 地点では高さがゼロになるので位置エネルギーはゼロです．運動エネルギーは 50 kg × V^2/2 と表現されます．

したがって b 地点では両者の和は 50 kg × V^2/2 となります．

すべっている最中には空気抵抗も摩擦もなく，また駆動もしないので，力学的エネルギーは保存されます．したがって

$$50 \text{ kg} \times V^2/2 = 50 \text{ kg} \times 10 \text{ m/s}^2 \times 0.8 \text{ m}$$

ここから

$$V^2 = 2 \times 10 \text{ m/s}^2 \times 0.8 \text{ m} = 16 \text{ m}^2/\text{s}^2$$

したがって

$$V = 4 \text{ m/s}$$

となります．

13 講

2 つのシリンダーの連結方法とは無関係にピストンの面積で力の大小が決まります．したがって同じ力を加えているので，ピストンの面積が等しいときにつり合って静止状態になります．答えは A，B，C では静止状態となります．

X 講

コンデンサーは電気をためるものです．ためている間は電流が流れます．しかし，たまってしまうと，もうそれ以上の電流は流れません．したがって「十分な時間の後」では電流は流れません．電流が流れないと電圧降下は起こりません．したがって AB 間の電位差は 4.5 V になります．

索引

あ行

圧力	118
アンペア（A）	134
位置エネルギー	108
運動エネルギー	109
X 線	151
エネルギー	108
鉛直	54
オーム（Ω）	135
オームの法則	135
音	143

か行

可視光	148
加速度	87
滑車	30
乾電池	132
γ線	152
偶力	29
屈折角	149
合成力	10
交流	129
コンデンサー	139

さ行

最大静止摩擦力	58
座標系	64
座標軸	61
作用	53
作用・反作用	51
作用線	10
作用点	13, 38
三角関数	42

3次元座標系	68
紫外線	150
仕事率	116
支点	13, 38
周期	142
重心	7
周波数	132, 142
重力	6, 114
重力加速度	95
ジュール（J）	107
振動数	142
垂直抗力	54
スカラー	104
生体の中のテコ	37
赤外線	150
速度	64, 73, 84
足部のテコ	47

た行

第1のテコ	14, 37
第2のテコ	21, 37
第3のテコ	22, 37
ダイオード	139
大気圧	118
力と加速度	99
力の合成	9
力の足し算	8
力の分解	55
力のモーメント	17
——の計算	24
直流	129
直列	136
定滑車	31
抵抗	135

抵抗（水中の）	126
テコ	13
生体の中の——	37
——に加わる3つの力	24
——の3要素	13
——の原理	13
デシベル（dB）	146
電圧	131
電圧降下	137
電気回路	133
電磁波	152
電波	152
電流	131
電力	131
動滑車	32
倒立振り子	114
ドップラー効果	144

な行

波	141
2次元座標系	63
ニュートン	6
ニュートンの運動の法則	104
熱	146

は行

歯車	33
パスカル（Pa）	118
波長	142
発電	130
速さ	84
反作用	53
光	147

振り子　　　　　　　　113	水の圧力　　　　　　　120	力学的仕事　　　　　　107
浮力　　　　　　　　　123	モーメント　　　　　　 17	力点　　　　　　　 13, 38
並列　　　　　　　　　136		輪じく　　　　　　　　 27
ヘクトパスカル（hPa）119	**や行**	
ベクトル　　　　　84, 104	床反力　　　　　　 48, 58	**わ行**
ヘルツ（Hz）　　　　 132		ワット（W）　　　　　134
	ら行	
ま行	力学的エネルギー保存の	
摩擦力　　　　　　　　 57	法則　　　　　　　　111	

PT・OT・PO 身体運動の理解につなげる物理学

2015年4月30日　第1刷発行	著　者　江原義弘，山本澄子，中川昭夫
2022年2月25日　第4刷発行	発行者　小立健太
	発行所　株式会社　南江堂

〒113-8410 東京都文京区本郷三丁目42番6号
☎(出版)03-3811-7236　(営業)03-3811-7239
ホームページ https://www.nankodo.co.jp/

印刷・製本　日経印刷
装丁　星子卓也

Physics for PT, OT, PO
ⒸNankodo Co., Ltd., 2015

定価は表紙に表示してあります．
落丁・乱丁の場合はお取り替えいたします．
本書の無断複写を禁じます．

Printed and Bound in Japan
ISBN978-4-524-26865-8

JCOPY〈出版者著作権管理機構　委託出版物〉

本書の無断複写は，著作権法上での例外を除き，禁じられています．複写される場合は，そのつど事前に，出版者著作権管理機構(TEL 03-5244-5088, FAX 03-5244-5089, e-mail: info@jcopy.or.jp)の許諾を得てください．

本書をスキャン，デジタルデータ化するなどの複製を無許諾で行う行為は，著作権法上での限られた例外(「私的使用のための複製」など)を除き禁じられています．大学，病院，企業などにおいて，内部的に業務上使用する目的で上記の行為を行うことは私的使用には該当せず違法です．また私的使用のためであっても，代行業者等の第三者に依頼して上記の行為を行うことは違法です．